气候治理能力新方略

——中国碳交易监管执法政策及实践分析

生态环境部环境工程评估中心
北京金诚同达律师事务所   编著

中国环境出版集团·北京

图书在版编目（CIP）数据

气候治理能力新方略：中国碳交易监管执法政策及
实践分析 / 生态环境部环境工程评估中心，北京金城同
达律师事务所编著. -- 北京：中国环境出版集团，
2022.8
ISBN 978-7-5111-5218-3

Ⅰ．①气… Ⅱ．①生… ②北… Ⅲ．①二氧化碳－排
污交易－研究－中国 Ⅳ．①X511

中国版本图书馆CIP数据核字（2022）第134232号

出 版 人	武德凯	
责任编辑	孟亚莉	
责任校对	薄军霞	
封面设计	岳 帅	

出版发行　**中国环境出版集团**
　　　　　（100062　北京市东城区广渠门内大街 16 号）
　　　　　网　　址：http://www.cesp.com.cn
　　　　　电子邮箱：bjgl@cesp.com.cn
　　　　　联系电话：010-67112765（编辑管理部）
　　　　　发行热线：010-67125803，010-67113405（传真）
印　　刷　北京建宏印刷有限公司
经　　销　各地新华书店
版　　次　2022 年 8 月第 1 版
印　　次　2022 年 8 月第 1 次印刷
开　　本　787×960　1/16
印　　张　18.5
字　　数　265 千字
定　　价　90.00元

编 委 会

主 编：卓俊玲　文黎照

参加编写人员：

王宇萌　付金杯　张　倬　付云刚

徐　雅　赵晓宏　伦亚楠　雷明雨

郭广轩　楼　轩　李　琼　孟凡辰

序

探索制度实践规律　推动实现"双碳"目标

　　气候变化是全人类共同面临的威胁和挑战，目前国际社会已达成采取减缓和适应并重的措施。以习近平同志为核心的党中央统筹国内国际两个大局，提出了中国的碳达峰、碳中和目标（以下简称"双碳"目标）。"十四五"时期，中国的生态文明建设进入以降碳为重点战略方向、推动减污降碳协同增效、促进经济社会发展全面绿色转型、实现生态环境治理改善由量变到质变的关键时期。"双碳"目标的提出是着力解决资源环境约束突出问题、实现中华民族永续发展的必然选择，也是构建人类命运共同体的庄严承诺。

　　法律是治国之重器，良法是善治之前提。实现"双碳"目标，离不开科学合理的立法，更需要公正严明的执法来保障法律的施行。为应对气候变化，我国采取了一系列法治措施。在立法方面，2015年第二次修订的《中华人民共和国大气污染防治法》，增加"大气污染物和温室气体实施协同控制"条款，首次将温室气体减排纳入法治轨道；随后修订的《中华人民共和国森林法》《中华人民共和国草原法》等，增加森林、草原碳汇的相关规定；近两年也在积极研究制定促进实现"双碳"目标的综合性法律。在碳市场建设方面，2011年开始进行碳交易制度试点，2020年生态环境部制定《碳排放权交易管理办法（试行）》，建立了全球发展中国家第一个国家级碳市场，并于2021年年中正式开市，首个履约期已圆满结束。

徒法不能自行，徒善不足为政。目前，国际国内对中国碳市场的运行倍加关注，无论是碳市场运行带来的投资新机遇，还是碳交易促进碳减排的新成果，国家和社会也都对碳交易的监管执法充满了期待。例如，碳排放数据的准确性是交易体系的基石，也是各类主体对碳市场保持合理预期和合理确信的依据，但近期曝光的4例碳排放数据造假案引发了社会的广泛关注。有关部门必须加大力度依法依规查处不按照规定报告和履约、碳排放数据造假和操纵碳市场等违法行为，为碳市场稳定运行保驾护航，这对碳市场监管执法提出了新要求。

世界遭遇百年未有之大变局，中国必须统筹国际国内两种资源、两个市场。《联合国气候变化框架公约》谈判，经历了从《京都议定书》到《巴黎协定》的发展。《京都议定书》没有对发展中国家规定量化减排义务，而是允许发展中国家通过清洁发展机制，以出售减排成果的方式自下而上地参与国际减排合作。中国作为发展中国家不承担量化减排义务，不需要成为市场机制中的买方，却可以作为清洁发展机制项目的东道国，成为减排成果的卖方。而在《巴黎协定》之下，各国均不因为国际法承担量化减排义务，各国均既作为买方，也作为卖方。发达国家可能出于逃避历史责任，要求发展中国家提高国家自主贡献、作出更多减排努力等目的，通过设定不需要购买国外减排成果就可以实现的国家自主贡献目标降低本国对国外减排成果的需求，甚至可以在国内法中禁止、限制购买国外的减排成果，进一步降低对国际碳市场的需求。目前，我国已经建立的统一国内碳市场规则还没有与国际碳市场链接，且该规则尚处于试行阶段。在中国积极参与和引领全球环境治理的时代背景下，有必要按照统筹国际国内两个市场的原则，不断完善碳市场交易及监管规则。一方面，系统总结开展清洁发展项目的经验教训，按照《巴黎协定》及其实施细则的要求，积极推动形成碳市场减排成果的统一标准和方法学；另一方面，按照《巴黎协定》对发展中国家的规定，选择纳入国家自主贡献报告的经济领域，自主安排国内的碳市场制度，自主决定与国际碳市场、其他区域碳市场的链接，完善国内规则建设。这对中国碳市场的实践探索提出了新挑战。

道路长且阻，行则将至。我国碳市场尚处于发展初期，碳市场规则还不尽健全，监管执法也处于初期探索阶段。我国的生态环境执法一线人员，虽然在污染防治领域的执法经验比较丰富，但是对碳交易执法还比较陌生。国内国际碳交易规则的衔接探索创新，更需要跨专业复合的，具有国际视野、家国情怀的高层次实践型人才。面对重重困难与挑战，更需社会各方面勠力同心，以时不我待、舍我其谁、功成不必在我的坚强意志和使命担当，从不同层次、不同角度贡献智慧和力量，推动事业发展。

《气候治理能力新方略——中国碳交易监管执法政策及实践分析》一书由科技工作者与法律服务工作者联合编写，他们为完善碳市场执法规范化、探索碳市场执法规律性而付出的努力，值得赞许！本书非常及时和必要，既有对碳交易制度发展历程的系统介绍和解读，也有对各主体权责的归类梳理；既有对试点时期地方执法案例和全国碳市场元年案例的系统分析，也有对执法重点关注问题的提示；既有对碳排放监管与大气污染物排放监管的区别、碳排放数据造假认定等复杂疑难问题的进一步研究，也有对碳交易关联制度的拓展。作者充满深中肯綮的智慧，饱含雪中送炭的真情。

初读此书，可品出文字笔墨带来的专业和实操魅力，字里行间背后，是编写团队扎实的研究功底和对执法实践的深刻理解，引领实践的良苦用心。细读之时，便可发现它的精妙构思和系统指向，不仅可以作为一线人员的碳交易执法工具书，也可以作为参与碳交易各方主体的实操指引，还可以作为气候变化领域研究人员的参考书。

期待本书出版后能够迅速传播，为促进我国碳市场依法执法、规范执法、文明执法、精准执法发挥积极的作用。更期待作者们再接再厉，不断跟踪中国碳市场、国际碳市场的发展规律并实践创新，丰富和提升研究成果，为推进实现"双碳"目标作出更多、更大的贡献。

吕忠梅

（清华大学法学院双聘教授，中国法学会副会长，

中国法学会环境资源法学研究会负责人）

2022年6月19日于北京

前　言

我国已将"2030年前碳达峰、2060年前碳中和的战略目标"（以下简称"双碳"目标）写入生态文明建设整体布局，"双碳"目标已经成为全社会共识和共同行动。当前，碳达峰碳中和"1+N"政策体系正在加快形成，重要政策文件陆续发布。生态环境部明确表示将在"十四五""十五五"持续推动二氧化碳排放达峰行动，并按照党中央、国务院的战略部署，统筹谋划了多项目标任务，其中任务之一就是加快全国碳市场建设。

建立全国统一的碳排放权交易市场（以下简称碳市场），是利用市场机制推动减污降碳、促进绿色低碳发展，是实现"双碳"目标的核心政策工具。早在"十二五"期间，北京市、天津市、上海市、重庆市、广东省、湖北省、深圳市等7个省市就启动了碳排放权交易试点，率先对我国的碳市场建设作出了积极的探索。经过十年的积累和酝酿，全国碳市场在"十四五"首年——2021年7月16日正式开市，并于12月31日顺利结束第一个履约周期。首批纳入全国碳市场的发电行业重点排放单位共2 162家，碳排放配额累计成交量为1.79亿t，累计交易额达76.61亿元，第一个履约周期履约完成率为99.5%。

全国碳市场的建成运行具有里程碑意义，是第一次从国家层面将减污降碳责任压实到重点排放单位。为推动温室气体减排、规范全国碳排放权交易（以下简称碳交易）及相关活动，2020年年底生态环境部以部门规章形式出台了《碳排放权交易管理办法（试行）》。此后至今，生态环境部一直在会同有关部门，积极推动《碳排放权交易管理暂行条例》加快出台。未来将在发电行业碳市场运行良好的基础上，稳步扩大市场覆盖范围。

实现"双碳"目标，离不开科学合理的立法，更需要公正严明的执法保障法律的施行。2021年媒体曝光的全国碳市场首例数据造假案，为监管部门敲响了警钟；2022年生态环境部通报的技术服务机构碳排放报告数据弄虚作假等典型问题案例，彰显出监管部门维护碳排放权交易公平、公正，促进全国碳市场健康平稳有序运行的决心和信心，以及对碳排放数据弄虚作假行为"零容忍"的态度。结合过去十年间各试点省市的执法实践，可以预见未来在全国碳市场运行过程中，配额核定和发放、碳排放报告和核查、配额交易和清缴等关键环节可能成为违法违规行为容易发生的风险点，应进行重点监管。

对于全国大部分省市而言，碳交易监管执法也尚处于起步阶段，了解和掌握我国碳交易市场体系和政策、碳交易全流程和关键环节、碳交易各方主体和权责划分、碳交易执法方式和执法依据等内容，对于进一步提高执法人员执法水平，规范生态环境行政执法行为十分必要。为此，生态环境部环境工程评估中心在2021—2022年组织开展了"碳排放权交易执法前沿问题研究"课题，并结合部分研究成果编写了本书，以期为碳交易监管执法提供参考。

全书共分六章。第一章为应对气候变化的国际与国内发展，从应对气候变化国际条约引入，重点介绍了我国碳交易法律政策的发展历程、碳市场建设历程和发展现状，分享国际碳交易监管制度借鉴，由卓俊玲、徐雅编写；第二章为我国地方碳市场及监管执法，聚焦地方碳交易试点进展和阶段性成果，阐述地方碳交易制度，分析地方碳交易运行模式和碳市场执法实践，由王宇萌、张倬编写；第三章为碳交易主体的权责和义务，基于碳交易及管理全流程的视角，明晰碳市场各类主体的权责，由张倬、付金杯编写；第四章为碳交易执法重点关注问题，结合执法实践提出碳排放报告数据质量监管执法要点，同时在对现有案例类型化研究的基础上，提出未来可能存在的违法违规情形，由文黎照、卓俊玲、王宇萌编写；第五章为碳交易执法潜在疑难问题，结合当前碳交易监管执法中存在的一些共性问题、热点难点问题展开分析，由文黎照、付云刚、徐雅编写；第六章为其他领域碳交易相关制度，从与碳交易相关的能源结构发展、清洁生产机制、绿色金融等更为广泛的视角出发，总结我国应对气候变化相关政策制度、法律法规，由付金杯、张倬编写。为了便于读者查阅，附件一系统地列出了现行的碳排放权交易规定文件清单，由卓俊玲、王宇萌整理；附件二提供了碳排放权交易相关法律、法规、规章和其他规范性文件中的对应条款，由张倬、文黎照、付金杯整理。文黎照、卓俊玲校阅了全书初稿，并进行统稿。

本书的编写得到了美国环保协会（北京）代表处、湖北碳排放权交易中心、上海环境能源交易所、北京绿色交易所、北京市生态环境保护综合执法总队、天津市生态环境保护综合行政执法总队、福建省环境监察总队、湖北省环境执法监督局、深圳市生态环境综合执法支队等多家单位以及朱海磊、张建伟、胡静、周塞军等专家的支持，在此一并表示感谢。

碳交易监管执法在我国发展时间较短，由于研究时间短，本书难免出现疏漏和不妥之处，恳请各位读者批评指正。

编者

2022年3月

目　录

第
一
章

应对气候变化的国际与国内发展

一、国际条约和国内法的转化与衔接

减缓与适应是应对气候变化的主要方向。联合国大会于1992年5月通过的《联合国气候变化框架公约》（以下简称《公约》），成为国际社会在控制温室气体排放、应对气候变化方面开展国际合作的基本框架和法律基础。同年11月，我国经全国人民代表大会批准《公约》，并于次年1月将批准书交存联合国。《公约》自1994年3月21日起生效，适用于中国大陆、澳门特别行政区，自2003年5月5日起适用于中国香港特别行政区。根据《公约》确立的"共同但有区别的责任"原则，我国作为发展中国家未被纳入强制减排义务主体范围。

于1997年通过、2005年生效的《联合国气候变化框架公约的京都议定书》（以下简称《京都议定书》），是《联合国气候变化框架公约》的补充条款。这是全球首次以国际条约的形式限制温室气体排放。《京都议定书》提出运用市场机制解决温室气体减排问题的新路径，使得国际碳排放权成为可以交易的商品，并为其附件 B 中的38个发达国家规定了量化减排目标。

2009年，在哥本哈根气候变化会议上，各国就温室气体减排目标、责任及资金机制等焦点问题并未达成一致。2015年，《巴黎协定》在《联合国气候变化框架公约》第21次缔约方会议巴黎大会上通过，该协定建立了自主灵活的承诺机制，各缔约国根据经济社会发展情况提交自主贡献方案，最大限度地减少了双方利益冲突，标志着2020年后国际社会合作应对气候变化的新的基本框架建立。该协定提出将全球平均气温较工业化前水平升高幅度控制在2℃之内，并为将升温控制在1.5℃之内而努力，并在21世纪下半叶实现温室气体净零排放。在此背景下，多个国家和地区相继提出碳中和目标，目前提出碳中和目标的126个国家和地区绝大部分计划在2050年实现碳中和。

2021年，在英国格拉斯哥举行的《联合国气候变化框架公约》第26次缔约方大会上，近200个国家和地区的谈判代表就《巴黎协定》实施细则达成共识，形成《格拉斯哥气候公约》的联合公报，其中批准了《巴黎协定》中有关全球碳市场实施的内容。

我国作为最大的发展中国家，一直在积极、负责、自愿采取应对气候变化行动与措施。2007年，我国在发展中国家中率先发布了《中国应对气候变化国家方案》。2009年，在哥本哈根气候变化会议上，我国提出"到2020年单位国内生产总值二氧化碳排放比2005年下降40%～45%"。2016年，我国积极参与签署《巴黎协定》，制定并提交了应对气候变化的国家自主贡献文件。2017年，李克强总理在第十一届夏季达沃斯论坛开幕式上再次提出，中国将信守《巴黎协定》承诺，落实应对气候变化的措施。2020年，习近平主席在第七十五届联合国大会一般性辩论上郑重作出二氧化碳排放力争于2030年前达到峰值，努力争取2060年前实现碳中和的承诺。此后，习近平主席在气候雄心峰会、领导人气候峰会、亚太经合组织领导人非正式会议等重大国际会议上，多次重申"双碳"目标，以宣示中国应对气候变化的决心。在2021年举行的第七十六届联合国大会一般性辩论上，习近平主席发表了重要讲话，提出"完善全球环境治理，积极应对气候变化，构建人与自然生命共同体。加快绿色低碳转型，实现绿色复苏发展"的倡议，并宣布"将大力支持发展中国家能源绿色低碳发展，不再新建境外煤电项目"，是我国为应对全球气候变化自主采取的重大举措。

为了应对全球气候变化，我国制定了一系列宏观政策。2011年颁布的《中华人民共和国国民经济和社会发展第十二个五年规划纲要》，提出今后五年单位国内生产总值二氧化碳排放降低17%的目标，这也是我国第一次将温室气体排放指标纳入五年规划；2014年国务院批复的《国家应对气候变化规划（2014—2020年）》，规定了全国碳排放交易市场建设的战略目标、工作思路、实施步骤等内容；2015年国务院颁布的《生态文明体制改革总体方案》以及2016年全国人民代表大会制定并通过的《中华人民共和国国民经济和社会发展第十三个五年规划纲要》均提出要开展碳排放总量控制；2016年国务院印发的《"十三五"控制温室气体排放工作方案》，提出要加快推进绿色低碳发展；2021年颁布的《中华人民共和国国民经济和社会发展第十四个五年规划和2035年远景目标纲要》，提出积极应对气候变化，制定2030年前碳达峰行动方案，采取更加有力的政策和措施，努力争取2060年前实现碳中和，推动碳排放权市场化交易；同年，中共中央、国务院发布的《中共中央 国务院关于完整准确全面贯彻新发展理念做好碳达峰碳中和工作的意见》和《2030年前碳达峰行动方案》，从中央层面进一步对推进"双碳"目标进行系统谋划、总体部署。此外，除中央层面政策文件外，生态环境部、国家发展和改革委员会（以下简称国家发展改革委）等各部委也先后出台一系列政策文件，逐步搭建"1+N"双碳目标政策体系。

在法律法规方面，我国加快推进相关体系建设。随着碳减排政策文件的发布与碳减排行动的推进，与其有关的各项制度逐步落实于能源、资源利用、碳汇等相关的法律法规中，立法的推进为碳排放权交易体系的构建提供了制度支撑和政策启示。

二、我国碳交易法律政策的发展历程

运用碳交易制度来控制温室气体排放是一种必然选择。我国碳排放权交易主要起源于《联合国气候变化框架公约》和《京都议定书》下的清洁发展机制（CDM）。CDM项目是指缔约方（《京都议定书》附件A国家）与非缔约方

（《京都议定书》附件B国家）之间进行项目级的减排量抵消额转让与获得，从而在发展中国家实施温室气体减排项目。自2004年发布《清洁发展机制项目运行管理暂行办法》以来，我国已累计注册CDM项目3 800余个（联合国环境规划署2021年4月1日数据），项目数居全球首位。开发CDM项目是我国参与国际碳交易的最早方式，这为我国碳交易市场的建设提供了基础。

　　能源生产与消费活动是碳排放的主要来源，我国前期与碳交易关联的立法大多聚焦于此，相关规定分散于多部法律法规当中。例如，《节约能源法》中规定了固定资产投资项目节能评估和审查制度及重点用能单位的能源利用状况年报制度，为碳排放核算奠定了制度基础；《可再生能源法》与《清洁生产促进法》所包含的清洁生产审核制度、循环经济统计制度等为碳排放的核算、核查提供数据参考……其中涉及的具体内容将在本书第六章详细阐述，以上规定均为碳交易、碳报告、碳核查提供了数据基础。就碳交易制度而言，如碳报告、碳核查等制度，则多以部门规章、规范性文件的形式出台，具有"自下而上、从地方到中央""政策先行、先试"的特点。该部分规定是我国现行碳交易的重要指导依据，具体内容将在本书第三章详细阐述。

　　以下将从碳交易及相关制度的建立，行业范围及重点排放单位的确定，碳排放数据监测、报告与核查（MRV），配额分配及交易，以及国家核证自愿减排量（CCER）交易五个方面，阐述我国碳交易法律政策的发展历程。

（一）碳交易及相关制度的建立

　　2011年，国家发展改革委颁布了《国家发展改革委办公厅关于开展碳排放权交易试点工作的通知》（发改办气候〔2011〕2601号），以地方试点的方式开启了我国建立碳交易机制的实践。2017年年末，经国务院同意的《全国碳排放权交易市场建设方案（发电行业）》印发实施，要求建设全国统一的碳市场。2018年国务院机构改革方案颁布后，新组建的生态环境部承担应对气候变化和温室气体减排的职责，自此生态环境部成为我国碳交易及相关活动的监管主体。

地方碳市场建设早于国家碳市场建设，目前与国家碳市场并存。除七个碳交易试点地区（北京市、天津市、上海市、重庆市、广东省、湖北省、深圳市）建立交易市场、颁布交易管理办法和实施意见以外，福建、四川、江苏、浙江、江西、青海和西藏等省（区）也分别出台了碳交易及碳市场建立的相关配套文件，如浙江、青海和西藏均制订出台了碳市场建设实施方案，温室气体控排政策得以落实和呈现。

国家碳市场，是由《中华人民共和国国民经济和社会发展第十四个五年规划和2035年远景目标纲要》在"十二五"和"十三五"的基础上决定启动。生态环境部于2020年12月31日印发、2021年2月1日正式实施的《碳排放权交易管理办法（试行）》是部门规章，对国家碳市场建立及运行监管作出具体规定，为现行有效的最高法律效力层级文件。根据2022年7月5日发布的《国务院2022年度立法工作计划》，《碳排放权交易管理暂行条例》已列入年度立法计划。

（二）行业范围及重点排放单位的确定

2016年初，国家发展改革委制定并颁布了《国家发展改革委办公厅关于切实做好全国碳排放权交易市场启动重点工作的通知》（发改办气候〔2016〕57号），确定了全国碳市场第一阶段纳入的重点排放行业为石化、化工、建材、钢铁、有色、造纸、电力、航空八大行业，重点排放单位的确定条件为2013—2015年任意一年综合能源消费总量达到1万t标准煤以上的企业法人单位或独立核算企业单位。2017年年底，国家发展改革委发布《全国碳排放权交易市场建设方案（发电行业）》，要求将发电行业作为首批纳入行业，率先启动全国碳排放权交易。这一举动也标志着中国碳排放权交易体系完成了总体设计并正式启动。

生态环境部2020年发布的《碳排放权交易管理办法（试行）》及2021年发布的《碳排放权交易管理暂行条例（草案修改稿）》均规定生态环境部负责

拟订全国碳市场覆盖的温室气体种类和行业范围，省级生态环境主管部门负责按照生态环境部有关规定确定本行政区重点排放单位名录。2020年年底，生态环境部发布规范性文件《2019—2020年全国碳排放权交易配额总量设定与分配实施方案（发电行业）》和《纳入2019—2020年全国碳排放权交易配额管理的重点排放单位名单》，确定了2013—2019年任一年排放量达到2.6万t二氧化碳当量（综合能源消费量约1万t标准煤）及以上的企业或其他经济组织纳入重点排放单位名单，合计2 225家（后更新为2 162家）。

（三）碳排放数据监测、报告与核查（MRV）

国家层面涉及MRV的制度文件如下。

（1）国家发展改革委于2017年发布的《国家发展改革委办公厅关于做好2016、2017年度碳排放报告与核查及排放监测计划制定工作的通知》（发改办气候〔2017〕1989号），该文件包含了企业碳排放补充数据核算报告模板和企业排放监测计划模板，并修改了地方主管部门组织第三方核查机构核查企业排放报告、补充数据及审核企业排放监测计划的参考指南。企业按照国家及各省（区、市）每年发布的相关工作文件具体执行监测计划的制订工作。其中碳排放数据监测计划是指重点排放单位将温室气体排放核算方法与报告指南要求转化为自身做法的技术性文件，而不是对温室气体进行在线监测的相关计划。

（2）2013—2015年国家发展改革委分四批发布的《企业温室气体排放核算方法与报告指南》，涉及发电企业、电网企业、钢铁生产企业等24个行业，明确了各行业温室气体的核算边界、核算方法、质量保证等，其中发电企业、电网企业等10个指南被国家标准化管理委员会认定为国家推荐标准。2021年，生态环境部针对发电行业专门颁布了《企业温室气体排放核算方法与报告指南　发电设施》，该文件为规范性文件，并于2022年3月15日发布《企业温室气体排放核算方法与报告指南　发电设施（2022年修订版）》。

（3）生态环境部于2021年3月29日颁布实施的《企业温室气体排放报告核查指南（试行）》，对重点排放单位的温室气体排放核查工作进行了规范，明确了核查程序、要点、工作流程，并对第三方技术服务机构进行了相关的规定与限制。

（四）配额分配及交易

配额分配方面，生态环境部于2020年年底针对发电行业发布了《2019—2020年全国碳排放权交易配额总量设定与分配实施方案（发电行业）》，明确了将燃煤、燃气发电机组纳入全国碳市场配额管理，对配额分配方法、发放与清缴方式作出规定。

配额交易方面，生态环境部于2021年出台了三项与配额交易相关的规则，分别为《碳排放权登记管理规则（试行）》《碳排放权交易管理规则（试行）》和《碳排放权结算管理规则（试行）》，规定了交易机构、注册登记机构、交易主体及其他相关参与方的权利与义务。此外，《碳排放权登记管理规则（试行）》还对初始分配及清缴结果登记作出规定；《碳排放权交易管理规则（试行）》规定了交易方式，生态环境部可通过市场调节保护机制介入异常交易；《碳排放权结算管理规则（试行）》规定了结算方式和风险控制。

（五）国家核证自愿减排量（CCER）交易

国家发展改革委于2012年颁布的部门规章《温室气体自愿减排交易管理暂行办法》明确规定了自愿减排碳交易管理模式、使用项目类型和交易流程，包括备案活动程序、文件及时间限制，交易机构开展工作的原则、内容以及对违规机构的处罚措施。2017年，国家发展改革委发布公告（2017年　第2号），提出组织修订《温室气体自愿减排交易管理暂行办法》，解决施行过程中存在的温室气体资源减排交易量小、个别项目不够规范等问题；同时，暂缓受理温室气体资源减排交易备案申请，待《温室气体自愿减排交易管理暂行办法》完善发布后再启动核证工作。目前，生态环境部正在积极推进CCER核证工作相关的新法律法规、规范性文件制修订。2021年10月26日生态环境部发布了《关于做好全国碳排放权交易市场第一个履约周期碳排放配额清缴工作的通知》（环办气候函〔2021〕492号），要求有意愿使用CCER抵消碳排放配额清缴的重点排放单位抓紧开立国家自愿减排注册登记系统一般持有账户，并在经备案的温室气体自愿减排交易机构开立交易系统账户，尽快完成CCER购买并申请CCER注销。CCER交易正常进行。

三、我国碳市场建设历程和发展现状

我国碳交易制度的建设前期由国家发展改革委牵头负责，在2014年12月10日发布的《碳排放权交易管理暂行办法》（已失效）中规定，国家发展改革委是碳交易的国务院碳交易主管部门，各省、自治区、直辖市发展和改革委员会是碳排放权交易的省级碳交易主管部门，建立了碳排放权交易的两级管理体制。

2018年国务院机构改革时，碳市场监管职能划转至生态环境部。现行有效的《碳排放权交易管理办法（试行）》，明确生态环境部为全国碳交易主管部门，省级生态环境主管部门负责组织、监督管理本行政区域内碳排放配额分配和清缴、温室气体排放报告的核查等相关活动，设区的市级生态环境主管部门负责配合省级生态环境主管部门落实相关具体工作，并实施监督管理。这就形成了现行的碳排放权交易三级管理体制。

我国碳市场建设从地方试点起步。试点期间各试点地区依据前述规定，率先组建由省级发展改革委牵头、各部门按职责参与碳交易的工作协调小组，负责总体指导和统筹协调推进碳交易重点工作。在2018年国务院机构改革后，各试点地区相继修改管理办法，将本地区碳交易的主管部门修改为省级生态环境部门，省级发展改革委及其他部门按照各自的职责参与协调管理工作。

因此，我国碳市场建设经历了三个阶段：

第一阶段（2011—2016年）：试点探索建立碳市场阶段。

2011年10月11日，国务院发文规定由国家发展改革委牵头探索建立碳排放权交易市场。2011年10月29日，国家发展改革委发布《国家发展改革委办公厅关于开展碳排放权交易试点工作的通知》（发改办气候〔2011〕2601号）。自此，北京市、天津市、上海市、重庆市、广东省、湖北省、深圳市等七个省市的碳交易试点正式启动。

第二阶段（2017—2020年）：全国碳市场建设启动阶段。

2017年12月，国家发展改革委印发《全国碳排放权交易市场建设方案（发电行业）》，标志着全国碳交易体系正式启动建设。经过一系列考察，湖北和上海分别成为我国碳交易注册登记中心和碳交易中心。

同期，重点排放行业企业在地方碳市场履约，除第一阶段纳入的八大重点排放行业以外，部分地方碳市场在平稳运行基础上，结合地方碳排放特征及当地特色产业，还将玻璃、陶瓷等工业行业以及服务业、道路交通运输等非工业行业纳入地方碳市场。

第三阶段（2021年开始）：地方碳市场逐步纳入全国碳市场阶段。

发电行业企业为首批纳入全国碳市场的重点排放单位，自此，将不再在地方碳市场履约。2021年，全国碳排放权注册登记系统开始为2 162家发电行业企业办理开户手续。2021年7月16日，全国碳交易市场上线交易正式启动。截至2021年12月31日第一个履约周期结束，碳排放配额累计成交量1.79亿t，累计成交额为76.61亿元，成交均价为42.85元/t，履约完成率为99.5%（按履约量计），全国碳市场第一个履约周期顺利收官。

根据《碳排放权交易管理暂行条例（草案修改稿）》第三十二条，该条例颁布实施后，不再建设地方碳市场，条例实施前已存在的地方碳市场，应当逐步纳入全国市场。结合目前的实际情况，各地方碳市场仍在运行，该条例正式发布后，地方碳市场也将与全国碳市场逐步接轨、整合。目前，生态环境部正在积极推进建材、钢铁等重点排放行业核算指南的修订工作，将按照"成熟一个，纳入一个"的原则，逐步实现重点排放行业企业在全国碳市场履约。

试点阶段，北京市、天津市、上海市、重庆市、广东省、湖北省、深圳市等七个试点省市分别对碳交易进行了地方立法，或发布规范性文件进行指导，这些文件均为试点地区碳交易的监管和执法提供了法律支撑。各地立法时间、立法机关和法规名称见表1-1。

表1-1　试点地区碳排放权交易立法文件汇总

序号	制定主体与时间	立法文件名称
1	北京市人大及其常委会，2013年12月27日	《北京市人大常委会关于北京市在严格控制碳排放总量前提下开展碳排放权交易试点工作的决定》
2	北京市人民政府，2014年5月28日印发，2015年12月16日修改	《北京市碳排放权交易管理办法（试行）》
3	天津市人民政府办公厅，2020年6月10日	《天津市碳排放权交易管理暂行办法》
4	上海市人民政府，2013年11月18日印发	《上海市碳排放管理试行办法》
5	重庆市人民政府，2014年4月26日印发	《重庆市碳排放权交易管理暂行办法》
6	广东省人民政府，2014年1月15日印发，2020年5月12日修改	《广东省碳排放管理试行办法》
7	湖北省人民政府，2014年4月4日印发，2016年9月26日修改	《湖北省碳排放权管理和交易暂行办法》
8	深圳市人民代表大会常务委员会，2012年10月30日印发，2019年9月5日修改	《深圳经济特区碳排放管理若干规定》
9	深圳市人民政府，2022年5月19日公布，自2022年7月1日起实施	《深圳市碳排放权交易管理办法》

　　除试点地区以外，部分省市也发布了碳交易相关的工作文件，尤其是青海省、山西省将碳交易的规定率先纳入应对气候变化范畴内，分别出台了应对气候变化办法。从法律层面来看，我国尚未针对应对气候变化进行专门立法，虽然在2009年《全国人民代表大会常务委员会关于积极应对气候变化的决议》已经要求将应对气候变化纳入立法议程，并完成草案起草，但至今仍未出台。两部办法虽然发布时间较早，处于我国碳交易发展的早期阶段，但其中提出的编制温室气体清单、确定行业温室气体排放系数、建立温室气体排放数据库、发展林业碳汇等制度，都为后期碳交易制度的发展奠定了基础。两部办法摘要如下：

　　《青海省应对气候变化办法》由青海省人民政府于2010年8月6日发布，2010年10月1日实施，2020年6月12日修订。该办法的出台旨在加强应对气候变化工作，提高应对气候变化的意识和能力，推动跨越发展、绿色发展、和谐发展、统筹发展，建设资源节约型、环境友好型社会，落实生态立省战略。该办法要求青海省县级以上人民政府建立健全推动绿色发展的政策和机制，推进各种措施适应气候变化，采取积极措施减缓气候变化，要求用能单位提高资源综合利用能力，建立健全管理制度，并通过各种途径保障适应气候变化和控制温室气体排放活动。尤其提到要发展碳汇林业，这一制度与碳排放抵消机制密切相关。

　　《山西省应对气候变化办法》由山西省人民政府于2011年7月12日发布并实施。该办法要求山西省各级人民政府组织、协调解决本行政区域内应对气候变化工作中的重大问题，县级以上人民政府建立健全推动低碳发展的政策和机制，各级发展和改革部门作为本行政区域内应对气候变化工作的组织协调管理部门，对相关工作进行审核、监督、管理。该办法规定了减缓气候变化和适应气候变化的多种措施，包括"气化山西"，提高清洁能源使用比重，逐步降低煤炭在一次能源中的比例，减缓由能源生产和转换过程产生的温室气体排放；

编制温室气体清单，分类统计区域能源活动；确定行业温室气体排放系数，研究主要行业、生产工艺和装备水平下温室气体排放情况；建立温室气体排放数据库，为开展应对气候变化研究、制定应对气候变化政策、预测未来温室气体排放情景提供技术支撑，为温室气体目标管理提供依据；发展温室气体吸收汇，支持二氧化碳捕获、利用及封存技术研究和项目实施，这一制度与碳排放抵消机制相关。

围绕落实国家"双碳"目标战略，多地正在加快推动立法建设。2021年9月27日，天津市十七届人大常委会第二十九次会议审议通过了《天津市碳达峰碳中和促进条例》。该条例自2021年11月1日起施行，是全国首部"双碳"地方性法规，为其他地方制定"双碳"制度提供了有益参考。

该条例明确了管理体制、基本管理制度和绿色转型、降碳增汇的政策措施，其中与碳交易相关的主要制度包括：

（1）确立碳排放监管制度体系。该条例第二章第十二条至第十八条提出了碳排放强度和总量控制、碳排放配合管理、温室气体排放报告核查、碳排放统计核算、碳排放权交易和碳排放评价六项基本管理制度，明确了生态环境部门和其他部门间的职责划分，推动实现信息共享、多部门协同监管；第五章第六十条、第六十一条提出构建碳达峰、碳中和科技支撑体系，建立完善交易体系，加强碳排放监测和碳汇核算等应用研究，促进监管技术升级和创新。

（2）碳汇项目开发和碳汇核算。该条例第四章第五十八条提出增加碳汇，鼓励企事业单位开展碳汇项目的开发，并通过碳交易实现碳汇项目对替代或者减少碳排放的激励作用，这一规定有利于借助碳市场力量形成企事业单位自愿增汇的动力。

（3）碳交易激励措施。该条例第六章第六十九条规定鼓励吸收社会资金参与碳交易，第七十条提出生态环境部门应当将重点排放单位的碳排放权交易履约情况纳入信用记录，并推送至信用信息共享平台。有关部门和单位可以对守信的重点排放单位依法实施激励措施。鼓励金融机构、其他市场主体对守信的重点排放单位给予优惠或者便利。

四、域外主要国家碳排放权交易监管

我国通过借鉴国际先进的监管经验，稳步推进碳市场发展。为此，本节专门结合文献、书籍等资料，对欧盟、美国、韩国、新西兰等国家和地区实行的碳交易监管及执法模式作出梳理。

（一）欧盟（除英国）碳交易监管制度

欧盟碳排放交易体系（EU Emissions Trading Scheme, EU ETS）建立于2005年，其实施历经了四个阶段。

2005—2007年为第一阶段，这一阶段碳市场仅涵盖了电力与能源密集型的行业，碳配额采用95%免费发放的方式；2008—2012年为第二阶段，碳市场纳入航空业，免费发放的配额下降至90%左右，违约罚款额提升至上一阶段的150%[①]；2013—2020年为第三阶段，将总配额逐年递减1.74%，拍卖占比增加并逐渐成为配额分配的主要方式；2021—2030年为第四阶段，将进一步提升拍卖占比。2021年6月，欧盟委员会推出"欧盟绿色新政"（European Green Deal），其核心政策"减碳55%政策组合"（Fit for 55 Package），包含一揽子13条具体方案，旨在至2030年将碳排放在1990年的基准上减少55%，并在2050年实现净零排放[②]。

在欧盟碳市场发展过程中，由于初期监管经验和力度不足，多次出现短期内价格巨幅波动现象，说明存在受操控的风险，同时还存在增值税欺诈等制

---

① 张锐.欧盟碳市场的运营绩效及对中国的启示［J］.决策与信息，2021，11：36-44.
② 刘琰.从欧盟碳市场及碳税新政谈起［J］.金融市场研究，2021，11：69-71.

度漏洞[①]、内幕交易、洗钱等问题。为应对这一系列问题，欧盟碳市场采取了多种风险防范机制，第一是设置监管豁免机制和信息披露规定，企业符合一定原则才可以申请豁免监管，交易额达到标准时则需披露所有交易信息；第二是将涉及金融的碳交易纳入金融监管范围；第三是欧盟碳市场设置了严格的惩罚机制，并且各国政策标准较为统一[②]。考虑到个别类型案件，如增值税欺诈案件、网络诈骗案件，涉及多个国家，调查取证难，欧盟通过各成员国的监管合作，组成联合调查组或其他合作机制，这一机制对于维护欧盟碳市场的秩序起到了关键作用。

下面列举欧盟中两个具有代表性国家的碳市场监管模式。

1. 德国碳交易监管制度

德国于2021年1月启动覆盖供暖与运输行业的全国碳市场。由于欧盟碳市场已经覆盖了德国的能源、制造业和国内航空业，德国碳市场则纳入了欧盟碳市场之外的行业，因此，国家碳市场的启动进一步覆盖了德国大多数的行业部门。德国国家碳市场将分阶段逐步实施[③]。

德国碳市场构建了独立检察员制度，监管的主管机构是隶属于联邦环保部的排放交易处。在数据真实性核查方面，若运营商不按规定履行报告的义务，排放交易处有权力冻结其碳配额交易账户；在届期未清缴的执法和处罚方面，若运营商不履行减排责任，对于运营商未递交的配额，排放交易处将对运营商作出100欧元/t CO_2-e的罚款决定。以2012作为基准年，固定罚款责任随着欧洲价格指数的增加而不断增加[④]。

① 张立峰.欧盟碳市场法制建设若干特点及对中国的启示［J］.河北学刊，2018，38（4）：215-220.

② Verde S F, Galdi G Alloisio I, et al. The EU ETS and its companion policies:any insight for China's ETS? ［J］. Environment and Development Economics, 2021:1-19.

③ 国际碳行动伙伴组织（ICAP）.全球碳市场进展：2021年度报告执行摘要［EB/OL］.2021.

④ 樊威.德国碳市场执法监管体系研究［J］.科技管理研究，2014，34（1）：189-192.

2. 法国碳交易监管制度

法国碳市场于2005年启动，碳市场监管机构主要由法国生态、可持续发展与能源部（MEDDE），国家储备与信托局和地方首长与生态部派出机构三个层面构成。碳交易体系的主管机构是法国生态、可持续发展与能源部，负责拟定碳交易相关的规章、政策并监督执行，监测和分析气候变化情况，制定与碳排放有关的国家标准、协调各类关系，并参与排放配额分配规划的制定等；国家储备与信托局负责建立和维护碳配额国家注册登记体系，为配额持有人开设和维护交易账户，记录注册账户的所有交易行为；地方首长与生态部派出机构主要负责执法，法国生态、可持续发展与能源部将很大一部分权力授予了其派出机构的首长，由大区长或省长对派出机构实施统一领导。地方首长在碳排放的报告、监管、核查以及处罚方面具有很大权限，包括制定发布碳交易相关政策、审查碳预算、监督项目实施等[①]。

在监管方面，法国通过企业内部的碳排放监测计划制度、政府要求企业的碳排放强制报告制度和政府及相关认证机构负责的碳排放核查制度来监管碳排放；通过建立碳配额注册登记体系来监管碳配额交易。在碳排放的监督与核查方面，首先要求运营商申报的排放数据必须由获得政府资格认证的机构进行核查，再由分类设备检查专员进行认可。检查人员有权力随时进入企业进行现场检查，并调取所有与设施相关的资料。

（二）英国碳交易监管制度

由于英国2020年年末正式退出欧盟，因此，英国独立的碳排放交易体系于2021年1月1日正式运行。英国政府通过设立专门机构进行碳交易体系监管，英国环境部（EA）、能源与气候变化部（DECC）以及其他相关监管机构共同构成整个监管体系，在不同领域明确其职权和不同分工，各司其职[②]。

---

① 樊威.法国碳市场执法监管体系研究［J］.环境保护，2014，42（Z1）：87-88.
② 樊威.英国碳市场执法监管机制对中国的启示［J］.科技管理研究，2016，36（17）：235-240.

具体来看，碳排放权交易执行主体为英国能源与气候变化部，立法权力划归议会，部门立法权赋予英国能源与气候变化部等职能部门，执法权授权给英国环境部，技术标准制定权授权给标准化管理部门，认证授权给英国认证事务局（UKAC），形成了一个多部门参与的协同管理和工作机制[①]。

在数据真实性核查方面，英国对碳排放的监控主要通过设定排放企业强制报告制度、政府监管机构和第三方认证机构对报告数据的核查制度来实现，并且英国认可独立第三方对企业碳排放量的核查结果。英国碳配额交易的监管主要通过联合交易登记注册簿来实现，联合交易注册登记簿的管理员可以依法要求企业账户使用者遵从与注册登记簿相关的条款和条件。

在届期未清缴的执法和处罚方面，第一，若排放企业未遵守规则，注册登记簿管理员必须将相关的注册登记簿账户设为冻结状态，直至该企业按照规则完全达到履约状态；第二，英国监管机构可以对违反规定的企业作出三类处罚，分别是行为处罚（具体表现为执行通知）、经济处罚、名誉处罚（具体表现为公示处罚），相关法规对每一类处罚的具体情况作出了详细规定，确保其实施的可行性[②]。

（三）美国碳交易监管制度

2021年2月拜登就任总统后，美国重新加入《巴黎协定》，加入碳减排行列，承诺在2050年实现碳中和。在各州层面，美国已有6个州通过立法设定了到2045年或2050年实现100%清洁能源的目标。

美国"自下而上"的碳市场建设路径与我国相似。美国到目前为止尚未建立统一的全国碳交易市场，因此没有设置相关的联邦管理机构，而是由各个区域碳排放组织或者地方政府自行设置机构管理碳排放交易。

---

①② 赵细康，曾云敏，王丽娟，等.碳排放权交易机制设计的本土化改造［A］//中国环境科学学会.2013中国环境科学学会学术年会论文集（第三卷）［C］.北京：中国环境科学学会，2013：7.

美国区域温室气体减排行动计划（RGGI）是美国首个强制性碳排放权交易体系，但其作为非营利性机构本身没有执法权，并不具备真正的监督职能。在发现碳交易主体存在操纵价格等违法行为时，只能向各环境保护机构或能源监管机构提出监管建议。各成员州环保部门是RGGI碳市场实际监管执行主体，其依据各州相关法规，负责各管辖区内控排企业的配额拍卖、MRV过程中的违规认定与处罚[①]。

（四）韩国碳交易监管制度

韩国碳市场法律体系主要由《低碳绿色增长基本法》《温室气体排放配额分配与交易法》《温室气体排放配额分配与交易法实施法令》《碳汇管理和改进法》及其实施条令，以及碳排放配额国家分配计划等构成。2022年3月，韩国颁布了《应对气候危机碳中和绿色发展基本法》。

《温室气体排放配额分配与交易法》规定，在韩国企划财政部下设温室气体排放配额分配委员会，负责审议和解决与温室气体排放配额"国家分配计划"相关的事项、与碳排放交易市场稳定性相关的事项、与温室气体排放核查和碳抵消信用相关的政策的协调及其他协助工作、与国际碳排放交易市场链接和其他国际合作有关的事项等[②]。

在数据真实性核查方面，对于受控机构编制的报告书，必须经由环境部指定和公布的第三方核查机构核查后出具核查报告，方可向主管部门机构提交温室气体排放量报告[③]。

在届期未清缴的执法和处罚方面，纳入碳排放交易的实体必须在年末6个

---

① 许卓然，胡慕云.美国环境法［M］.4 版.北京：北京大学出版社，2016.

② 黄瑞，高原，等.碳排放权交易规则及合同争议解决［M］.北京：法律出版社，2020：32-33，36-37.

③ 张丽欣，王峰，王振阳，等.欧美日韩及中国碳排放交易体系下的监测、报告和核查机制对比［A］//国际清洁能源论坛（澳门）.温室气体减排与碳市场发展报告（2016）［C］.澳门：国际清洁能源论坛（澳门）秘书处，2016：34.

月内上缴配额或信用，不能足额上缴配额的，将被收缴当前市场价格3倍以上的罚款，数额上限为10万韩元/tCO_2-e，约合94美元/tCO_2-e[①]。

（五）新西兰碳交易监管制度

新西兰碳交易体系（NZ ETS）监管制度经历了从多部门综合性监管到专门机构监管的过程。在2012年1月1日前，NZ ETS由经济发展部、农林部、环境部共同管理。2011年5月，新西兰依托环境部设立了环境保护局，作为专门负责碳排放交易的管理机构。2012年1月1日之后，环境保护局正式接管有关碳排放交易的管理职责，但林业参与碳排放交易的有关工作仍然由农林部负责[②]。

在数据真实性核查方面，新西兰建立了新西兰减排单位登记系统，为新西兰碳减排单位提供登记、报告、核查、监测等服务。碳交易参加方自我评估排放量，采取月报、季报、年报的方式提交排放报告，政府再通过审计部门核查其是否合规[③]。

在届期未清缴的执法和处罚方面，未履行减排目标的控排主体需要承担民事、刑事责任。对于故意不履行减排义务的主体，既要以1∶2的比例提交高一倍的补偿额和60美元/t CO_2-e的罚金，还将涉及刑事责任[④]。

---

① 潘晓滨．韩国碳排放交易制度实践综述［J］.资源节约与环保，2018（6）：130-131.
② 王祝雄，吴秀丽，章升东，等．新西兰碳排放交易制度设计对我国林业碳汇交易的启示［J］.世界林业研究，2013，26（5）：81-87.
③④ 陈洁民．新西兰碳排放交易体系的特点及启示［J］.经济纵横，2013（1）：113-117.

第二章

我国地方碳市场及监管执法

我国的碳市场建设采用稳妥推进的方式,即选取部分地区先行先试,通过近10年的尝试,各地积累了碳交易监管执法的实践经验,为全国碳市场的设立和运行提供了强有力的支撑。本章对地方碳市场运行以来的监管思路、法律政策和运行模式进行了梳理和比较,以期为全国建立统一的监管执法思路提供有益借鉴。

一、地方碳交易制度构建分析

2011年10月29日,国家发展改革委发布《国家发展改革委办公厅关于开展碳排放权交易试点工作的通知》(发改办气候〔2011〕2601号),同意"五市两省"(北京市、天津市、上海市、重庆市、湖北省、广东省及深圳市)开展碳交易试点,并要求试点地区自行编制实施方案及管理办法。我国的碳交易试点工作由此拉开帷幕。

首批7个试点碳市场于2013年和2014年先后启动。深圳市碳交易试点于2013年6月18日正式运行,是最早启动试点的地区。随后,2016年12月16日,四川省作为全国非试点地区第一个、全国第8个具备国家备案碳交易机构的省份,碳交易市场正式开市,交易平台为四川省联合环境交易所;2016年,中共中央办公厅和国务院办公厅发布的《国家生态文明试验区(福建)实施方案》提出建立福建省碳排放权交易平台。2016年12月22日,福建省碳排放权交易市场正式开市,交易平台为海峡股权交易中心。由此在全国形成"7+2"的地方碳市场,各地碳市场交易启动时间见图2-1。

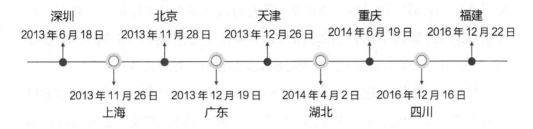

图2-1　各地碳市场交易启动时间示意图

自地方碳市场运行以来，各地相继发布了交易管理办法、实施方案等文件，以指导和监管地方碳市场的运行。在此，将对各地出台的重要规定进行梳理。

（一）北京市

2013年11月20日，北京市发展和改革委员会发布了《关于开展碳排放权交易试点工作的通知》（京发改规〔2013〕5号），并随通知下发了5个附件，包括《北京市企业（单位）二氧化碳排放核算和报告指南（2013版）》《北京市碳排放权交易核查机构管理办法（试行）》《北京市碳排放权交易试点配额核定方法（试行）》《北京市温室气体排放报告报送流程》《北京市碳排放权交易注册登记系统操作指南》，但该规定已于2018年废止；同年12月27日，北京市人民代表大会常务委员会发布地方法规《北京市人大常委会关于北京市在严格控制碳排放总量前提下开展碳排放权交易试点工作的决定》，以保障北京市碳交易试点工作的顺利开展；2014年5月28日北京市人民政府发布《北京市碳排放权交易管理办法（试行）》，2015年12月16日北京市人民政府通过京政发〔2015〕65号文件调整该办法中重点排放单位范围。上述文件共同构成了北京市碳交易制度建设的纲领性文件。

北京市针对违反碳交易规定的行政处罚专门制定了自由裁量基准。2019年9月30日，北京市生态环境局印发了《北京市生态环境系统行政处罚自由裁量基准》，此后对违反碳排放权交易规定行政处罚裁量基准进行了修订，并于2022年6月28日印发了《北京市生态环境行政处罚裁量基准（2022年修订版）》。其中，第六部分对违反碳排放权交易设置了处罚裁量基准。

针对抵消机制、配额交易等交易管理事项，2014年6月10日，北京市发展和改革委员会、北京市金融工作局发布《北京市碳排放权交易公开市场操作管理办法（试行）》，以规范通过配额拍卖、配额回购等方式调节市场的活动；2014年9月1日，北京市发展和改革委员会、北京市园林绿化局发布《北京市碳排放权抵消管理办法（试行）》，规定了核证自愿减排量、节能项目碳减排量、林业碳汇项目碳减排量等3种经审定的碳减排量可参与抵消的机制；2014年12月9日，北京市发展和改革委员会发布《北京市发展和改革委员会关于进一步开放碳排放权交易市场加强碳资产管理有关工作的通告》（京发改〔2014〕2656号），拓展非履约机构参加碳交易的范围，探索允许自然人参与碳交易，开展碳排放配额融资、托管等内容；2016年11月23日，北京市发展和改革委员会、北京市金融工作局印发《北京市碳排放配额场外交易实施细则》。

针对碳排放核算与报告要求，北京市先后发布了《北京市企业（单位）二氧化碳排放核算和报告要求》、北京市地方标准《碳排放管理体系实施指南》（DB11/T 1559—2018）以及电力生产业、水泥制造业等多个行业二氧化碳排放核算和报告要求。

此外，北京市还积极推进跨区域碳交易联动，先后于2014年、2016年与河北省、内蒙古自治区合作开展跨区域碳排放权交易建设。2014年12月29日，北京市发展和改革委员会发布《北京市发展和改革委员会关于进一步做好碳排放权交易试点有关工作的通知》（京发改〔2014〕2794号）；2016年3月9日，北京市发展和改革委员会、内蒙古自治区发展和改革委员会、呼和浩特市人民政府、鄂尔多斯市人民政府联合发布《关于合作开展京蒙跨区域碳排放权交易有关事项的通知》（京发改〔2016〕395号），以建立跨区域碳交易联动机制。

（二）天津市

2013年2月5日，天津市人民政府印发《天津市碳排放权交易试点工作实施方案》；同年12月20日，天津市人民政府印发《天津市碳排放权交易管理暂行办法》，有别于其他试点地区，天津市人民政府在该办法中明确了适用期限，并且于2016年、2018年、2020年分别颁布了新的《天津市碳排放权交易管理暂行办法》。其中，2016年修改履约期截止时间（由每年5月31日变更为每年6月30日）、适用的法律依据等内容；2018年取消了配额有效期的具体规定；2020年将主管部门由天津市发展和改革委员会更换为天津市生态环境局，同时规定碳交易纳入全市统一公共资源交易平台，该办法不再适用于纳入全国碳市场统一管理的碳交易活动，并删除了法律责任规定。

2021年9月27日，天津市人民代表大会常务委员会通过并发布了地方法规《天津市碳达峰碳中和促进条例》，该条例自2021年11月1日起施行，成为全国首个地方碳达峰碳中和条例，为天津市推进碳市场建设提供了立法保障，也为碳交易监管执法提供了法律依据。

（三）上海市

2012年7月3日，上海市人民政府发布《关于本市开展碳排放交易试点工作的实施意见》（沪府发〔2012〕64号）；2013年11月20日，上海市人民政府发布的《上海市碳排放管理试行办法》正式实施，上述文件为上海市开展碳交易制度建设的纲领性文件。

为规范碳排放配额登记行为，保障碳市场安全高效运行，2013年11月22日，上海市发展和改革委员会印发《上海市碳排放配额登记管理暂行规定》。2015年1月8日，上海市发展和改革委员会发布《关于本市碳排放交易试点期间有关抵消机制使用规定》，规定了国家核证自愿减排量（CCER）用于配额清缴的比例、适用条件和抵消程序；2015年4月20日，上海市发展和改革委员会发布《关于本市碳排放交易试点期间进一步规范使用抵消机制有关规定的通知》（沪发改环资〔2015〕53号），进一步明确所用于抵消的自愿减排项目所有的核证减排量需产生于2013年1月1日后。

为规范碳排放核查第三方机构的核查工作，2014年1月10日，上海市发展和改革委员会印发《上海市碳排放核查第三方机构管理暂行办法》，对第三方核查机构的资质及管理工作作出规定。上海市生态环境局接管碳交易监管职责后修订该规定，于2020年12月25日印发《上海市碳排放核查第三方机构管理暂行办法（修订版）》，对核查机构、核查人员的资质和管理工作重新作出规定，取消了核查机构注册资本的限制要求。2014年3月12日，上海市发展和改革委员会印发《上海市碳排放核查工作规则（试行）》。2021年10月7日，上海市生态环境局印发《上海市碳排放核查第三方机构监管和考评细则》，以建立健全核查机构考评机制。

（四）重庆市

2014年4月26日，重庆市人民政府印发《重庆市碳排放权交易管理暂行办法》；2014年5月28日，重庆市发展和改革委员会发布《重庆市工业企业碳排放核算报告和核查细则（试行）》《重庆市碳排放配额管理细则（试行）》《重庆市工业企业碳排放核算和报告指南（试行）》《重庆市企业碳排放核查工作规范（试行）》4个文件，规范工业企业碳排放核算、报告和核查及配额管理工作。2021年，四川省和重庆市两地签订《应对气候变化合作框架协议》，推动共建区域性碳市场。

（五）广东省

2012年9月7日，广东省人民政府印发《广东省碳排放权交易试点工作实施方案》；2014年1月15日，广东省人民政府发布地方政府规章《广东省碳排放管理试行办法》，该办法于2020年5月12日修订，按照国务院机构改革的要求将主管部门从发展改革部门修改为生态环境部门，对个别字词、部门名称进行了修改。上述两份文件为广东省碳排放权交易制度构建的纲领性文件。

2013年11月25日，广东省发展和改革委员会印发《广东省碳排放权配额首次分配及工作方案（试行）》，此后每年均会发布分配方案。2014年3月18日，广东省发展和改革委员会印发《广东省企业碳排放信息报告与核查实施细则（试行）》，2014年3月20日印发《广东省碳排放配额管理实施细则（试行）》，这两份文件已于2017年废止，现行有效的相关规定为2015年2月16日广东省发展和改革委员会发布的《关于企业碳排放信息报告与核查的实施细则》及《关于碳排放配额管理的实施细则》。

2014年，广东省发展和改革委员会发布《广东省企业（单位）二氧化碳排放信息报告指南（2014版）》《广东省企业碳排放核查规范（2014版）》，并于2017年对两份文件进行了修订，2018年结合实际管理情况，再次对《广东省企业（单位）二氧化碳排放信息报告指南（2017年修订）》进行了修订。

（六）湖北省

2013年2月18日，湖北省人民政府印发《湖北省碳排放权交易试点工作实施方案》；2014年4月4日，湖北省人民政府发布地方政府规章《湖北省碳排放权管理和交易暂行办法》，该办法于2014年6月1日实施。2016年11月1日，湖北省人民政府通过湖北省人民政府令第389号文件对该办法中第五条第一款作出修订，明确实行碳排放配额管理的工业企业依照国家和省政府确定的范围执行。2014年7月18日，湖北省发展和改革委员会发布《湖北省工业企业温室气体排放监测、量化和报告指南（试行）》《湖北省温室气体排放核查指南（试行）》，以规范工业企业碳排放核算、报告和核查工作。2015年9月29日，湖北省发展和改革委员会印发《湖北省碳排放配额投放和回购管理办法（试行）》，明确将通过向市场投放和回购配额等方式避免市场过度波动，防范市场风险，保障市场健康运行。

（七）深圳市

2012年10月30日，深圳市人民代表大会常务委员会审议通过地方性法规

《深圳经济特区碳排放管理若干规定》，该规定于2019年8月29日修正，修正版于2019年9月5日实施。2022年5月19日，深圳市人民政府七届四十二次常务会议审议通过《深圳市碳排放权交易管理办法》（深圳市人民政府令第343号），于2022年7月1日实施；2014年3月19日发布的《深圳市碳排放权交易管理暂行办法》（深圳市人民政府令第262号）同时废止。《深圳市碳排放权交易管理办法》详细规定了碳交易工作的主管部门，配额管理，管控单位范围，管控单位温室气体排放报告、核查、登记交易、监管措施及法律责任等内容。

为规范碳交易行政处罚自由裁量权的行使，提高碳交易行政执法质量，2021年11月1日深圳市生态环境局发布了《深圳市环境行政处罚裁量权实施标准（2021年版）》，对碳核查机构违反公平竞争原则、碳核查机构违反保密义务、市场交易主体违法从事交易活动、交易所不履行监管职责或报告义务，以及市场交易主体、核查机构违反本办法的规定，阻挠、妨碍主管部门监督检查等5类违规行为设置了行政处罚裁量标准。

为规范碳排放报告核查工作，2012年12月1日，深圳市市场监督管理局发布《温室气体排放核查规范及指南》；2014年5月21日，深圳市市场监督管理局、深圳市发展和改革委员会印发《深圳市碳排放权交易核查机构及核查员管理暂行办法》，以加强对碳排放权交易核查机构及核查员的监督管理，规范核查活动。2018年，深圳市市场和质量监督管理委员会公开征求《深圳市碳排放权交易核查机构及核查员管理办法（修订征求意见稿）》，尚未发布实施。

（八）福建省

2016年8月，中共中央办公厅、国务院办公厅印发了《国家生态文明试验区（福建）实施方案》，提出"支持福建省深化碳排放权交易试点，出台福建省碳排放权交易实施细则，扩大参与碳排放权交易行业范围，建立碳排放信息报告和核查、碳排放权配额管理和分配、碳排放权交易运行等主要制度体系，设立碳排放权交易平台，开展碳排放权交易，实现与全国碳排放权交易市场的对接。支持福建省开展林业碳汇交易试点，研究林业碳汇交易规则和操作办法，探索林业碳汇交易模式"。同年9月22日，福建省人民政府出台地方政府规章《福建省碳排放权交易管理暂行办法》，该规定于2020年8月7日修订，对主管部门、核查机构、市场参与主体资格等内容作出增改；2016年9月26日，福建省人民政府发布《福建省碳排放权交易市场建设实施方案》。上述文件为福建省碳市场建设的纲领性文件。

2016年11月23日，福建省人民政府成立碳交易工作协调小组，成员从福建省发展和改革委员会、福建省财政厅、福建省生态环境厅等共计22个部门抽调。协调小组下设办公室，挂靠福建省发展和改革委员会，承担组织、协调、推进碳市场建设等工作。

2016年11月28日，福建省发展和改革委员会、福建省林业厅、福建省经济和信息化委员会印发《福建省碳排放权抵消管理办法（试行）》，对核证自愿减排量（CCER）、林业碳汇减排量（FFCER）抵消碳排放量作出规定。2016年11月30日，福建省发展和改革委员会、福建省财政厅印发《福建省碳排放权交易市场调节实施细则（试行）》，旨在规范省内碳市场调节行为。同日，福建省发展和改革委员会、福建省国家税务局、福建省地方税务局印发《福建省碳排放权交易市场信用信息管理实施细则（试行）》，旨在建立市场信用信息管理体系，构建"守信激励、失信惩戒"机制。2016年12月2日，福建省发展和改革委员会印发《福建省碳排放配额管理实施细则（试行）》。

为规范碳排放核查第三方机构的核查工作，2016年11月28日，福建省发展和改革委员会、福建省质量技术监督局印发《福建省碳排放权交易第三方核查机构管理办法（试行）》，对第三方核查机构的资质及管理作出规定。

2020年4月9日，福建省发展和改革委员会发布《福建省发展和改革委员会关于规范碳排放权交易和用能权交易服务收费的通知》（闽发改服价〔2020〕

188号），取代2017年发布的《福建省物价局关于规范碳排放权交易服务收费的通知》（闽价服〔2017〕284号），降低了部分交易的手续费用。

（九）四川省

四川省作为清洁能源生产大省，积极推进碳交易试点工作。2011年11月25日，四川省人民政府发布《四川省"十二五"节能减排综合性工作方案》，提出推进碳交易试点，后续该提议多次出现在四川省的工作文件中，如2014年《2014—2015年四川省节能减排低碳发展行动方案》、2015年四川省人民政府第90次常务会议审议通过的《关于创新重点领域投融资机制鼓励社会投资的实施意见》等。2016年1月25日，四川省十二届人大四次会议提出探索建立西部碳排放权交易中心，并写入《2016年四川省人民政府工作报告》。2016年四川省人民政府发布《四川省加快推进生态文明建设实施方案》，提出推动建立碳市场，探索建立碳交易工作机制与政策法规体系、温室气体排放核算报告与核查机制、碳排放总量控制与配额管理机制、碳交易运作机制等，建设四川碳交易平台，并加快构建碳市场交易体系，推动建设西部碳交易中心。2016年4月27日，国家发展改革委在《温室气体自愿减排交易机构备案通知书》中明确将四川联合环境交易所纳入备案交易机构，四川省成为继北京、上海、天津、重庆、湖北、广东、深圳等7个碳排放权交易试点地区之后，全国非试点地区中拥有国家备案碳交易机构的省份。

2016年8月9日，四川省发展和改革委员会印发《四川省碳排放权交易管理暂行办法》（现已失效）。2016年12月16日，四川省碳市场成功开市。2017年8月6日，四川省人民政府发布《四川省节能减排综合工作方案（2017—2020年）》，提出推进碳交易，依托四川联合环境交易所加快建设西部碳排放权交易中心和全国碳排放权交易能力建设（成都）中心，积极融入全国碳市场。截至2021年年底，四川省46家重点排放单位按时足额完成碳排放配额清缴履约；按企业数计，履约完成率为95.8%；按履约量计，履约完成率为

99.7%，均高于全国平均水平[①]。

（十）地方碳交易制度的特点

纵观我国近10年的地方碳市场建设实践，现行的地方碳交易制度主要存在以下特点。

1.立法层级不同

北京市和深圳市采用了地方人大立法的形式出台地方法规，以指导碳市场的建设和运行，其余地区均由省级人民政府发布地方政府规章或省级政府部门发布规范性文件，效力层级低于地方法规，法律约束力也较弱。

2.监管内容各有侧重

各地区发布的管理办法或暂行办法具有共性特点，整体结构较为统一，均包含总则、配额管理、碳排放监测报告与核查、碳交易、监管与激励、附则等章节。其中，总则部分包括适用范围、部门职责；配额管理部分明确配额总量管理、纳入企业确定标准、配额分配、登记注册、遵约履约、核证自愿减排量使用要求等内容；碳排放监测、报告与核查部分规定纳入企业应编制年度碳排放报告，由第三方核查机构进行核查，主管部门进行核实，以此确定纳入企业年度碳排放量；碳交易部分明确在指定交易机构开展交易，通过登记注册系统进行交割；监管与激励部分明确监督管理职责与方式、价格调控、公众监督、信息公开等事项，对企业未按期履约、第三方核查违规等违法行为进行监管与处罚，对履约企业提供碳融资和政策支持等激励机制。

但各地对碳市场监管重点和具体内容有所区别，各有侧重，如处罚金额、核查方式、覆盖行业范围等方面，在本章第二节中将会对此部分内容进一步详细阐述。

[①] 来源：四川顺利完成首个碳市场履约期清缴工作 46 家控排企业按时足额完成碳排放配额清缴履约，四川日报，http://sc.china.com.cn/2022/yaowen_0109/433617.html，最后访问日期 2021 年 2 月 23 日。

3.运行模式借鉴域外经验

各地区碳市场的建立，学习和参照了欧盟碳市场运行经验，体现在以下几个方面：

（1）确定纳入碳交易的行业范围和重点排放单位名单；

（2）确定碳配额总量，根据历史排放数据或者行业基准值，在现阶段向企业发放免费配额（现状）；

（3）由重点排放单位自行或委托第三方机构进行核算，编制碳排放报告，由政府组织或企业自行委托专业的第三方核查机构，对重点排放单位的碳排放报告进行核查；

（4）企业在获得配额的次年，通过碳市场交易碳排放配额的方式，向政府足额上缴与上一履约周期排放量一致的配额（含核证自愿减排量），从而完成履约；

（5）政府通过对一定比例的配额进行拍卖，以调节市场和稳定碳价；

（6）确立监管和惩罚机制。

4.碳交易主管部门调整，各地规定也随之调整

2018年国务院机构改革后，应对气候变化职责转至生态环境部。各地区也随之相继修改管理办法或暂行办法，将本地区碳交易的主管部门修改为省级生态环境部门，省级发展改革委及其他部门按照各自的职责参与协调管理工作。其他相关规定也基本由省、自治区、直辖市生态环境部门制定实施。

二、地方碳交易运行模式比较

（一）行业覆盖范围与重点排放单位划分标准

除石化、化工、建材、钢铁、有色、造纸、电力、航空八大重点排放行业以外，各地结合本区域的产业结构特点，在确定本地区的碳交易行业覆盖范围

和重点排放单位划分标准时各有侧重（表2-1）。

表2-1　地方碳市场行业覆盖范围和重点排放单位确定标准

序号	地区	行业覆盖范围	重点排放单位确定标准
1	北京	热力生产企业、航空运输业及其他交通运输行业、发电企业、石化生产企业、水泥制造企业、其他行业企业、其他服务行业	年二氧化碳直接排放与间接排放总量≥5 000 t
2	天津	电力、热力、钢铁、化工、石化、油气、造纸、航空、建材	年二氧化碳排放量≥20 000 t
3	上海	发电、电网和供热等电力热力行业，工业、航空、港口、水运、自来水生产等行业，以及商场、宾馆、商务办公、机场等建筑	年二氧化碳排放量≥20 000 t（工业企业）和≥10 000 t（非工业企业）（包括直接排放和间接排放）
4	重庆	2015年前，2008—2012 年任一年度排放量达到20 000 t二氧化碳当量的工业企业	年二氧化碳排放量≥20 000 t
5	广东	电力、水泥、钢铁、石化、造纸和民航等行业，2022年度新增陶瓷、纺织、数据中心等行业	年二氧化碳排放量≥20 000 t，或综合能源消费量≥10 000 t标准煤；自2022年度起，调整为年二氧化碳排放量≥10 000 t，或综合能源消费量≥5 000 t标准煤
6	湖北	钢铁、化工、水泥、汽车制造、电力、有色、玻璃、造纸、纺织等	年综合能源消费量≥10 000 t标准煤
7	深圳	供电、供水、供气、公交、地铁、港口码头、危险废物处理、计算机、通信、电子设备制造等32个行业企业	管控单位： ①年二氧化碳排放量≥3 000 t； ②大型公共建筑和建筑面积达到10 000 m^2以上的国家机关办公建筑的业主； ③自愿加入并经主管部门批准纳入碳排放控制管理的碳排放单位； ④市政府指定的其他碳排放单位
8	福建	电力、石化、化工、建材、钢铁、有色、造纸、航空、陶瓷	年综合能源消费总量≥5 000 t
9	四川	省碳交易主管部门依据国家相关规定确定重点排放单位名单并公布（目前主要是发电行业企业）	年二氧化碳排放量≥26 000 t

注：1. 以上数据截止时间为2022年1月30日。
　　2. 以上数据来源于各地公布的碳交易管理办法、碳配额分配方案等文件。

（二）碳配额总量确定与配额管理

地方碳市场运行初期，依据当时有效的相关规定，由国务院碳交易主管部门确定国家以及各省、自治区和直辖市的配额总量，制订国家配额分配方案，并建立和管理碳交易注册登记系统。配额分配以免费分配为主，在总量中预留一定数量，用于有偿分配、市场调节、重大建设项目等。配额免费分配方法和标准由国务院碳交易主管部门统一确定，各省、自治区、直辖市可制定并执行比全国统一的配额免费分配方法和标准更加严格的分配方法和标准，并报国务院碳交易主管部门确定。

各地区在配额分配上学习欧盟碳市场经验，均采取总量控制交易（Cap-and-Trade）的方式，分配形式包括初始分配配额、新增预留配额和政府预留配额，分配采取免费分配与拍卖相结合、历史法与行业基准法相结合、事前预分配与事后调整相结合的方式[①]（表2-2）。

各地区通常采用的三种配额分配方法为基准强度法（行业基准线法）、历史强度法和历史总量法。基准强度法（行业基准线法），是指基于行业碳强度基准值分配配额的一种方法，发电行业数据基础扎实，适合该分配方法。基准值一般由政府主管部门确定并发布。历史强度法是根据企业的产品产量、历史强度值、减排系数等分配配额的方法，该方法通常是在缺乏行业和产品基准数据时用于确定配额分配的方式。历史总量法，即不考虑排放单位的产品产量，只根据历史排放值分配配额的一种方法。

[①] 姜睿.我国碳交易市场发展现状及建议［J］.中外能源，2017，22（1）：3-9.
孙桂柱，程明，代家元.我国碳交易试点省市框架设计对比研究［J］.企业经济，2016（6）：23-27.
谭冰霖.碳交易管理的法律构造及制度完善——以我国七省市碳交易试点为样本［J］.西南民族大学学报（人文社科版），2017，38（7）：70-78.
熊灵，齐绍洲，沈波.中国碳交易试点配额分配的机制特征、设计问题与改进对策［J］.武汉大学学报（哲学社会科学版），2016，69（3）：56-64.

表2-2　地方碳市场配额分配规则

序号	地区	碳排放配额总量设定	不同行业配额分配方法		
			历史总量法	历史强度法	基准强度法（行业基准线法）
1	北京	未公布	石化、其他服务业（数据中心除外）、其他行业（电力供应、水的生产和供应及其他发电行业除外）	其他行业中电力供应、水的生产和供应及其他发电行业配额核定方法	火力发电行业（热电联产）、水泥生产、热力生产和供应、数据中心等行业
2	天津	0.75亿t，其中政府预留配额比例为6%（2021年）	钢铁、化工、石化、油气开采、航空、有色、矿山、食品饮料、医药制造、农副食品加工、机械设备制造、电子设备制造行业企业	建材、造纸行业企业	无
3	上海	1.09亿t（2021年，含直接排放和储备）	商场、宾馆、商务办公、机场等建筑，以及产品复杂、近几年边界变化大、难以采用行业基准线法或历史强度法的工业企业	产品产量与碳排放量相关性高且计量完善的工业企业，航空、港口、水运、自来水生产企业	发电、电网、供热等电力热力行业企业
4	重庆	未公布	免费分配、控排企业申报，采用"企业自主申报排放量—主管部门确定配额量—主管部门调整配额量（审定排放量与申报排放量相差8%以上）"的方式分配配额		
5	广东	控排企业配额2.65亿t，储备配额0.13亿t（2021年）	水泥行业的矿山开采、钢铁行业的钢压延与加工工序、石化行业企业（煤制氢装置除外）	水泥行业其他粉磨产品、钢铁行业的外购化石燃料掺烧发电、石化行业煤制氢装置、特殊造纸和纸制品生产企业、有纸浆制造的企业、其他航空企业	水泥行业的熟料生产和水泥粉磨，钢铁行业的炼焦、石灰烧制、球团、烧结、炼铁、炼钢工序，普通造纸和纸制品生产企业，全面服务航空企业

续表

序号	地区	碳排放配额总量设定	不同行业配额分配方法		
			历史总量法	历史强度法	基准强度法（行业基准线法）
6	湖北	1.66 亿t（2020年）	除采用历史强度法法和行业基准线法的其他工业企业	热力生产和供应、造纸、玻璃及其他建材(不含自产熟料型水泥、陶瓷行业)、水的生产和供应行业、设备制造(企业生产两种以上的产品、产量计量不同质、无法区分产品排放边界等情况除外)	水泥(外购熟料型水泥企业除外)
7	深圳	0.22亿t（2020年）	无	除采用基准强度法的其他行业	供电、供水、供气、公交、地铁、港口码头、危险废物处理
8	福建	未公布	无	电网、铜冶炼、钢铁、化工（除主营产品为二氧化硅）、原油加工、乙烯、纸浆制造、机制纸和纸板、机场、建筑陶瓷、日用陶瓷及卫生陶瓷等行业	水泥、电解铝、平板玻璃、化工行业（以二氧化硅为主营产品）、航空等行业
9	四川	未公布	无	无	发电行业

注：1.以上数据截止时间为2022年1月30日。
2.以上数据来源于各地公布的碳交易管理办法、碳配额分配方案等文件。

　　由表2-2可知，在地方碳排放配额现行计算方法中，分配方法以基准强度法和历史强度法为主。其中，基准强度法是参考行业碳排放强度整体水平而设定排放强度，因而对技术先进的企业更为有利，能够实现鼓励先进、淘汰落后的政策导向。从长期来看，免费配额的分配方法最终将统一到基准线上。

（三）碳排放核算与核查

1.核算规定

关于碳排放核算方法，除福建和四川外，其他7个地区均在国家发布的各行业企业碳排放核算指南框架下，相继出台了地方标准或规范性文件。相关规定中的核算方法与国家基本保持一致，但在参数和排放因子选取上，则更多地体现了地方碳排放强度和行业生产水平。地方碳市场碳排放核算方法规定见表2-3。

表2-3　地方碳市场碳排放核算方法规定

序号	地区	文件
1	北京	《北京市碳排放单位二氧化碳排放核算和报告要求》 《二氧化碳排放核算和报告要求　电力生产业》（DB11/T 1781—2020） 《二氧化碳排放核算和报告要求　水泥制造业》（DB11/T 1782—2020） 《二氧化碳排放核算和报告要求　石油化工生产业》（DB11/T 1783—2020） 《二氧化碳排放核算和报告要求　热力生产和供应业》（DB11/T 1784—2020） 《二氧化碳排放核算和报告要求　服务业》（DB11/T 1785—2020） 《二氧化碳排放核算和报告要求　道路运输业》（DB11/T 1786—2020） 《二氧化碳排放核算和报告要求　其他行业》（DB11/T 1787—2020）
2	天津	《天津市钢铁行业碳排放核算指南（试行）》 《天津市化工行业碳排放核算指南（试行）》 《天津市炼油和乙烯企业碳排放核算指南（试行）》 《天津市电力热力行业碳排放核算指南（试行）》 《天津市其他行业碳排放核算指南（试行）》
3	上海	《上海市温室气体排放核算与报告指南（试行）》（SH/MRV-001-2012） 《上海市电力、热力生产业温室气体排放核算与报告指南（试行）》（SH/MRV-002-2012） 《上海市钢铁行业温室气体排放核算与报告指南（试行）》（SH/MRV-003-2012） 《上海市化工行业温室气体排放核算与报告指南（试行）》（SH/MRV-004-2012） 《上海市有色金属行业温室气体排放核算与报告指南（试行）》（SH/MRV-005-2012） 《上海市纺织、造纸行业温室气体排放核算与报告指南（试行）》（SH/MRV-006-2012） 《上海市非金属矿物制品业温室气体排放核算与报告指南（试行）》（SH/MRV-007-2012）

序号	地区	文件
3	上海	《上海市航空运输业温室气体排放核算与报告指南（试行）》（SH/MRV-008-2012） 《上海市旅游饭店、商场、房地产业和金融业办公建筑温室气体排放核算与报告指南（试行）》（SH/MRV-009-2012） 《上海市运输站点温室气体排放核算与报告指南（试行）》（SH/MRV-010-2012） 《上海市水运行业温室气体排放核算与报告方法（试行）》（SH/MRV-011-2012） 《上海市生态环境局关于调整本市温室气体排放核算指南相关排放因子数值的通知》（沪环气〔2022〕34号），该文件对前述部分核算指南的电力、热力的排放因子缺省值进行调整
4	重庆	《重庆市工业企业碳排放核算和报告指南（试行）》
5	广东	《广东省企业（单位）二氧化碳排放信息报告指南（2022年修订）》
6	湖北	《湖北省工业企业温室气体排放监测、量化和报告指南（试行）》
7	深圳	《组织的温室气体排放量化和报告指南》（SZDB/Z 69—2018）

2. 核查要求

在核查程序上，各地区在国家规定框架下自行制定碳排放报告第三方核查指南或工作规则，并根据地方碳市场运行情况进行不定期更新。核查程序主要包括签订协议、审核准备、文件审核、现场访问、审核报告编制、内部技术复核、审核报告交付及记录保存8个步骤，但各地具体要求略有不同。例如，北京市于2021年4月9日发布的《北京市碳排放报告第三方核查程序指南》简化了现场核查工作量，规定对存在16个以上相似现场的重点排放单位，可采用按比例随机抽样方式开展现场检查；上海市于2018年7月12日发布的《上海市碳排放核查工作规则（试行）》细化了现场核查操作，对排放边界中的组织边界和地理边界、主要生产运营系统核查以及活动水平数据的收集和验证、相关参数的收集和验证作出了规定。

在核查机构监管上，除国家层面规定外，地方也自行开展了探索。福建省印发《福建省碳排放权交易第三方核查机构管理办法（试行）》，对第三方核查机构从注册资本、经营场所、内部管理制度、核查从业人员、核查工作业绩、从业信誉等六方面作出规定，同时，对注册地不在行政区域内的特殊情况、核查人员的行为规范等内容均提出要求。上海市印发的《上海市碳排放核查第三方机构管理暂行办法（修订版）》规定核查机构及主要技术负责人需要具备条件：近三年内承担全国碳排放权交易市场核查、本市或其他碳交易试点省市的碳排放核查项目总计不少于3项，且核查企业数量不少于30家；承担过温室气体控制和管理、碳排放核算等应对气候变化领域的国家级或省级课题。《上海市碳排放核查第三方机构监管和考评细则》对核查机构的考评规则作出规定：开展年度工作评价，考评结果将作为下一年度核查招投标的必要评分项，优先考虑考评等级为优良的核查机构承担核查任务，考评不合格的核查机构五年内不再安排核查任务。

（四）配额清缴与碳抵消机制

配额清缴，各地区均规定重点排放单位每年应当在指定日期前，向本地区碳交易主管部门履行上一年度的配额足额清缴义务。

碳抵消机制，用于配额抵消的国家核证自愿减排量（CCER）需满足以下两个条件：一是CCER抵消比例不得超过应清缴碳排放配额的5%；二是CCER不得来自纳入全国碳市场配额管理的减排项目。在此总体要求下，各地自行确立了碳配额抵消机制，允许一定比例的CCER用于抵扣碳配额（表2-4）。

CCER虽然也是降碳的一种形式，但是从另一角度来说也会造成可交易的碳配额总量的增加。如果企业过度依赖通过市场购买CCER的方式来抵消碳配额，将不利于我国关于行业绿色转型和升级改造政策的落地实施，因而必须对CCER抵消比例加以限制。

表2-4 地方碳配额抵消机制一览表

序号	地区	抵消比例	抵消限制
1	北京	不高于重点排放单位当年核发碳排放配额量的5%	1. 2013年1月1日后实际产生的减排量； 2. 京外项目产生的核证自愿减排量不得超过其当年核发配额量的2.5%； 3. 优先使用河北省、天津市等与本市签署应对气候变化等相关合作协议地区的CCER； 4. 不能使用来自减排氢氟碳化物（HFCs）、全氟化碳（PFCs）、氧化亚氮（N_2O）、六氟化硫（SF_6）气体的项目及水电项目的减排量； 5. 不能使用来自本市行政辖区内重点排放单位固定设施的减排量
2	天津	不得超过企业当年实际排放量的10%	1. 2013年1月1日后实际产生的减排量； 2. 优先使用津京冀地区自愿减排项目产生的减排量； 3. 本市及其他碳交易试点省市纳入企业排放边界范围内的核证自愿减排量不得用于本市的碳排放量抵消； 4. 核证自愿减排量仅来自二氧化碳气体项目，且不包括来自水电项目的减排量
3	上海	不得超过企业年度配额量的3%	1. 2013年1月1日后实际产生的减排量； 2. 不得使用重点排放单位排放边界内的CCER
4	重庆	每个履约期国家核证自愿减排量使用数量不得超过审定排放量的8%	禁止所有规模水电项目产生的减排量用于抵消
5	广东	不得超过企业上年度实际碳排放量的10%	1. 70%以上来自本省温室气体自愿减排项目； 2. 不得使用控排企业排放边界内的CCER； 3. 在广州碳排放权交易所完成交易的； 4. 主要来自二氧化碳（CO_2）、甲烷（CH_4）减排项目，即这两种温室气体减排应占该项目所有温室气体减排量的50%以上； 5. 非来自水电项目； 6. 非来自使用煤、石油和天然气（不含煤层气）等化石能源的发电、供热和余能（含余热、余压、余气）利用项目； 7. 非来自在联合国清洁发展机制执行理事会注册前就已经产生减排量的清洁发展机制项目； 8. 非来自国家批准的其他碳排放权交易试点地区或已启动碳市场地区的项目
6	湖北	不得超过该企业年度碳排放初始配额量的10%	1. 全部来自省内； 2. 在纳入碳排放配额管理的企业组织边界范围外产生

续表

序号	地区	抵消比例	抵消限制
7	深圳	不高于管控单位年度碳排放量的10%	除林业碳汇项目和工农业减排项目不受限制外，其他类型项目均受限制
8	福建	1.重点排放单位用于抵消的林业碳汇项目减排量不得超过当年经确认排放量的10%； 2.重点排放单位用于抵消的其他类型项目减排量不得超过当年经确认排放量的5%	1.在本省行政区内产生，且非来自重点排放单位的减排量； 2.非水电项目产生的减排量； 3.仅来自二氧化碳（CO_2）、甲烷（CH_4）气体的项目减排量
9	四川	抵消比例不得超过应清缴碳排放配额量的5%	

注：1.以上数据截止时间为2022年1月30日。
　　2.以上数据来源于各地公布的碳交易管理办法等文件。

（五）碳交易激励机制和履约责任

地方结合本地碳市场运行情况，规定了碳交易过程中出现的违法行为涉及的法律责任以及合法履约企业的激励机制。

在激励制度层面，多地提出了原则性规定。例如，福建省在2016年11月30日发布的《福建省碳排放权交易市场信用信息管理实施细则（试行）》中，提出建立碳排放权交易市场信用信息管理体系，构建"守信激励、失信惩戒"机制；天津市2021年11月1日实施的《天津市碳达峰碳中和促进条例》设置专章"第六章　激励措施"，规定对守信的重点排放单位依法实施激励措施、将重点排放单位的碳排放权交易履约情况纳入信用记录并推送至信用信息共享平台。

在履约责任层面，各地均对重点排放单位未按期报送碳排放报告、未足额清缴碳配额等违法行为作出法律责任规定（表2-5）。例如，《深圳市碳排放权交易管理暂行办法》中，除常见超额排放违法行为按照市场均价计算处罚额度以外，其他多项违法行为的处罚额度也非固定数额，而是以连续六个月碳市场配额平均价格作为罚款基数，如管控单位和核查机构相互串通虚构或者捏造数据的行为等。再如，重庆市2014年印发的《重庆市碳排放权交易管理暂行办法》第三十六条规定，对于未按规定报告、拒绝核查和未履行配额清缴义务的情况，可以采取多种处罚措施。处罚措施有：公开通报；3年内不得享受节能环保及应对气候变化等方面的财政补助资金、不得参与各级政府及有关部门组织的节能环保及应对气候变化等方面的评先评优活动；配额管理单位属本市国有企业的，将其违规行为纳入国有企业领导班子绩效考核评价体系。2021年重庆市生态环境局发布《重庆市碳排放权交易管理办法（征求意见稿）》，公开征求意见。从征求意见稿可以看出，重庆市生态环境局计划将重点排放单位的违规行为纳入银行征信系统、社会信用体系及环境信用体系，体现了实施联合惩戒的监管思路。

表2-5　未按期报送碳排放报告、未足额清缴碳配额的法律责任规定

地区	未按期报送法律责任规定	未足额清缴碳配额的法律责任规定
北京	责令限期改正，逾期未改正的，可以对排放单位处以5万元以下的罚款	—
天津	—	市生态环境局将纳入企业履约情况向财政、税务、金融、市场监管等有关部门通报，并向社会公布。纳入企业未履行遵约义务，差额部分在下一年度分配的配额中予以双倍扣除
上海	责令限期改正；逾期未改正的，处以一万元以上三万元以下的罚款	责令其限期内将未清缴部分补足；逾期不补的，从其配额账户中扣除与其差额部分相等的配额，并处五万元以上十万元以下的罚款
重庆	配额管理单位未按照规定报送碳排放报告、拒绝接受核查和履行配额清缴义务的，由主管部门责令限期改正；逾期未改正的，可以采取下列措施：①公开通报其违规行为；②3年内不得享受节能环保及应对气候变化等方面的财政补助资金；③3年内不得参与各级政府及有关部门组织的节能环保及应对气候变化等方面的评先评优活动；④配额管理单位属本市国有企业的，将其违规行为纳入国有企业领导班子绩效考核评价体系	

续表

地区	未按期报送法律责任规定	未足额清缴碳配额的法律责任规定
广东	责令限期改正；逾期未改正的，处以一万元以上三万元以下的罚款	责令履行清缴义务；拒不履行清缴义务的，在下一年度配额中扣除未足额清缴部分2倍配额，并处五万元罚款
湖北	主管部门予以警告、限期履行报告义务，可以处一万元以上三万元以下的罚款	按照当年度碳排放配额市场均价，对差额部分处以一倍以上三倍以下，但最高不超过十五万元的罚款，并在下一年度配额分配中予以双倍扣除
深圳	未在办法规定期限内提交年度碳排放报告且经催告仍未提交，根据管控单位的能源消耗数据、统计指标数据的变化、同行业同类型企业的碳排放量等因素，从严确定其年度碳排放量。 管控单位未在办法规定期限内提交统计指标数据报告且经催告仍未提交的，其统计指标数据认定为零	责令限期补交与超额排放量相等的配额；逾期未补交的，由主管部门从其登记账户中强制扣除，不足部分由主管部门从其下一年度配额中直接扣除，并处超额排放量乘以履约当月之前连续六个月碳排放权交易市场配额平均价格三倍的罚款
福建	责令限期改正，逾期未改正的，处以一万元以上三万元以下罚款	责令其履行清缴义务；拒不履行清缴义务的，在下一年度配额中扣除未足额清缴部分两倍配额，并处以清缴截止日前一年配额市场均价一倍至三倍的罚款，但罚款金额不超过三万元

注：1. 以上数据截止时间为2022年1月30日。
　　2. 以上数据来源于各地公布的碳交易管理办法等文件。

三、地方碳市场执法实践

在试点地区中，仅北京和深圳有碳交易执法处罚的实践可供分析研究。通过现场走访和公开渠道查询，共获取案例12例，集中在2014年、2019年和2020年。

北京市执法案例共6例。2014年，北京市节能监察大队对5家企业未在规定时间内履约作出处罚。2019年，北京生态环境保护综合执法总队对1家企业逾期未报送2018年度碳排放第三方核查报告作出处罚，该处罚案例被列为北京市2019年十起环境违法典型案例之一。

深圳市执法案例共6例。2015年，深圳市发展改革委员会对1家企业未按时足额履行2014年度碳排放履约义务作出处罚。2020年，深圳市生态环境局宝安管理局分别对2家企业未在规定时间内履约作出处罚；深圳市生态环境局坪山管理局分别对3家企业未在规定时间内履约作出处罚。

值得关注的是，深圳市发展改革委员会处罚的企业未履约的原因是不认同碳排放配额分配结果，并在后期对深圳市发展改革委员会就处罚结果提出诉讼，该案例是可查询的全国首例碳交易行政诉讼案例，彰显出在碳配额分配制度设计中进一步提高准确性、公正性和实现公开透明的必要性。

综上所述，北京市和深圳市查处的12个案例中，11例的违法情形是未在规定的时间内履约，1例是逾期未报送碳排放核查报告。经分析前述12个案例，试点地区的违法情形较为单一。究其原因与立法进程、碳市场建设阶段及碳监管执法体系有待完善等存在一定关系。本节重点关注碳市场建设情况，随之产生的监管执法的具体案件类型、线索来源以及证据类型将在第四章详细阐述。

第三章

碳交易主体的权责和义务

生态环境部发布的《碳排放权交易管理办法（试行）》对碳交易各环节、各类主体及其权责进行了总体性规制，是规范和推进全国碳市场建设的纲领性文件。此外，生态环境部为落实和明确碳交易管理的具体工作，于2021年5月14日发布了《碳排放权登记管理规则（试行）》《碳排放权交易管理规则（试行）》和《碳排放权结算管理规则（试行）》三份文件（以下合称"碳排放权三部规则"），进一步细化了监管部门、重点排放单位、其他交易主体、注册登记机构和交易机构等各类主体及其权责。

为了让碳交易涉及的各方主体清楚知晓必须为的法律职责、必履行的法定义务，也为执法机构依法依规开展监督执法提供支撑，本章结合现行有效的《碳排放权交易管理办法（试行）》和碳排放权三部规则，梳理了各方权责边界。因《碳排放权交易管理暂行条例》尚未发布，其内容不在此进行讨论。

一、碳交易及管理流程

碳交易及管理流程包括覆盖行业与重点排放单位确定、碳排放配额分配和登记、碳排放权交易、碳排放报告核查与配额清缴四个阶段，各阶段主体职责见图3-1。

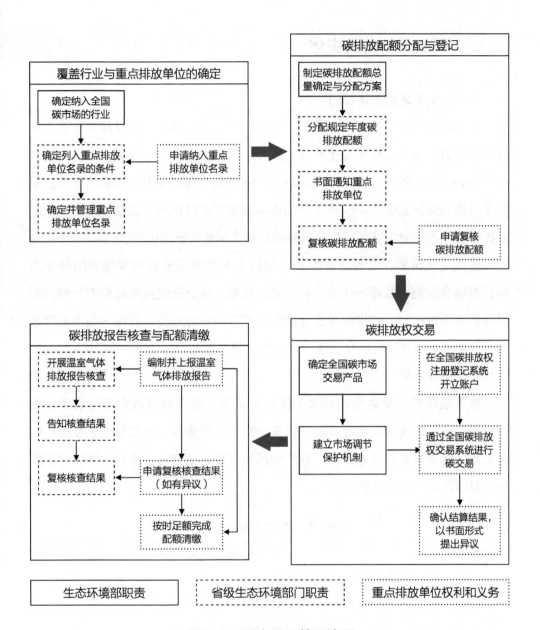

图3-1 碳交易及管理流程

二、碳交易的各类主体

（一）生态环境主管部门

生态环境部构建的"国家指导、省级组织、市级落实"三级监管体系，符合中共中央、国务院在《关于构建现代环境治理体系的指导意见》中提出的完善"中央统筹、省负总责、市县抓落实"的环境治理领导责任体系的要求；相较于早期的两级监管体系，将市级生态环境主管部门也纳入监管体系，有利于发挥市级生态环境主管部门的业务经验和熟悉属地情况的优势。

依据《碳排放权交易管理办法（试行）》和碳排放权三部规则的具体内容，现结合碳交易监管各环节，将国家、省级、市级三级生态环境主管部门的具体职责进行梳理，并按照碳交易监管工作流程分为六类，对每一类中不同级别涉及的具体职责进行细化梳理，具体如下所述。

1.生态环境部

在《碳排放权交易管理办法（试行）》中，多个章节对生态环境部职责作出规定。总体而言，生态环境部负责全国碳市场建设，组建登记、交易机构及系统，制定标准和技术规范，并对全国碳交易及相关活动进行监督管理和指导。具体职责共22项（表3-1）。

表3-1　生态环境部职责

职责类别	序号	具体职责
第一类：市场、机构、系统建设和运行	1	建设全国碳排放权交易市场
	2	制定全国碳排放权交易及相关活动的技术规范
	3	组建全国碳排放权注册登记机构和交易机构
	4	组建全国碳排放权注册登记系统和交易系统

职责类别	序号	具体职责
第一类：市场、机构、系统建设和运行	5	接受注册登记机构和交易机构的报告和备案，具体包括： ①接受注册登记机构和交易机构关于登记、交易、结算等活动和机构运行的定期报告，以及重大事项的报告； ②接收交易机构风险管理制度、信息披露与管理制度备案； ③接收交易机构交易时段备案； ④接收交易机构单笔买卖申报数量备案
第二类：确定、监督管理重点排放单位	6	拟订全国碳排放权交易市场覆盖的温室气体种类和行业范围，报批后向社会公开
	7	监督重点排放单位名录确定
第三类：配额分配、登记、清缴、排放核查	8	制订碳排放配额总量确定与分配方案
	9	监督管理地方碳排放配额分配、温室气体排放报告与核查
	10	制定温室气体排放核算与报告技术规范
	11	制定重点排放单位清缴时限的规定
	12	制定核证自愿减排量抵消配额清缴的相关规定
	13	生态环境部及其工作人员，不得持有碳排放配额。已持有碳排放配额的，应当依法予以转让。任何人在成为前款所列人员时，其本人已持有或者委托他人代为持有的碳排放配额，应当依法转让并办理完成相关手续，向供职单位报告全部转让相关信息并备案在册
第四类：排放交易	14	根据国家有关规定适时增加其他交易产品
	15	会同国务院其他有关部门对交易及相关活动进行监督管理和指导；建立市场调节保护机制，采取措施进行市场调节
	16	制定防止过度投机的交易行为的有关规定
第五类：监督检查、信息公开	17	接收监督检查配额清缴的情况报告
	18	制定重点排放单位和其他交易主体信息公开有关规定
	19	定期公开重点排放单位年度排放配额清缴情况等信息
第六类：处罚	20	生态环境部有关工作人员，在全国碳排放权交易及相关活动的监督管理中滥用职权、玩忽职守、徇私舞弊的，由其上级行政机关或者监察机关责令改正，并依法给予处分
	21	对注册登记机构和交易机构及其工作人员的违规行为进行处分，并向社会公开结果；可以通过询问、查阅、复制与登记活动有关的资料或其他措施进行监管
	22	对虚报、瞒报温室气体排放报告或者拒绝履行报告义务的，责令限期改正，作出处罚

2.省级生态环境主管部门

省级生态环境主管部门接受生态环境部的监督和指导，负责在本行政区域内组织开展碳配额分配和清缴、碳排放报告报送与核查等相关活动，并进行监督管理。具体职责共16项（表3-2）。

表3-2 省级生态环境主管部门职责

职责类别	序号	具体职责
第一类：确定、监督管理重点排放单位	1	确定、纳入和移出：按照生态环境部规定确定本区域内重点排放单位名录；按规定将重点排放单位移出名录和对申请纳入名录的排放单位进行核实处理
第二类：配额分配、登记、清缴、排放核查	2	根据生态环境部制订的方案，向本行政区域内的重点排放单位分配规定年度的配额并书面通知
	3	受理并处理配额分配结果的复核申请
	4	对重点排放单位发生合并、分立等情形需要变更单位名称、碳排放配额等事项进行审核
	5	组织开展本行政区域内配额分配和清缴、温室气体排放报告的核查等相关活动，并进行监督管理
	6	接收、组织开展核查重点排放单位年度温室气体排放报告，并将核查结果告知，可政府采购核查服务
	7	受理并处理重点排放单位对核查结果的异议复核申请
	8	接收重点排放单位配额年度清缴
	9	省级生态环境主管部门及其工作人员，不得持有碳排放配额。已持有碳排放配额的，应当依法予以转让。任何人在成为前款所列人员时，其本人已持有或者委托他人代为持有的碳排放配额，应当依法转让并办理完成相关手续，向供职单位报告全部转让相关信息并备案在册
第三类：监督检查、信息公开	10	根据核查结果，确定监督检查重点和频次
	11	采取"双随机、一公开"方式，监督检查重点排放单位温室气体排放和碳排放配额清缴情况，按程序报生态环境部
	12	受理、处理公民、法人和其他组织的举报，按照规定反馈并保密
	13	定期公开重点排放单位年度排放配额清缴情况等信息

职责类别	序号	具体职责
第四类：处罚	14	省级生态环境主管部门有关工作人员，在全国碳排放权交易及相关活动的监督管理中滥用职权、玩忽职守、徇私舞弊的，由其上级行政机关或者监察机关责令改正，并依法给予处分
	15	对虚报、瞒报报告、拒绝履行报告义务，责令限期改正，作出处罚； 逾期不改正，测算实际排放量，将其作为清缴依据
	16	未按时足额清缴的，责令限期改正，作出处罚； 逾期不改正，对欠缴部分，等量核减其下一年度碳排放配额

3.市级生态环境主管部门

设区的市级生态环境主管部门负责配合省级生态环境主管部门落实相关具体工作，并根据有关规定实施监督管理。《碳排放权交易管理办法（试行）》中对设区的市级生态环境主管部门的赋权相对较少，主要是开展监督检查工作以及作出行政处罚。具体职责共7项（表3-3）。

表3-3 市级生态环境主管部门职责

职责类别	序号	具体职责
第一类：确定、监督管理重点排放单位	1	配合省级生态环境主管部门落实具体工作，实施监督管理
第二类：配额分配、登记、清缴、排放核查	2	市级生态环境主管部门及其工作人员，不得持有碳排放配额。已持有碳排放配额的，应当依法予以转让。任何人在成为前款所列人员时，其本人已持有或者委托他人代为持有的碳排放配额，应当依法转让并办理完成相关手续，向供职单位报告全部转让相关信息并备案在册
第三类：监督检查、信息公开	3	根据核查结果，确定监督检查重点和频次
	4	采取"双随机、一公开"方式，监督检查重点排放单位温室气体排放和碳排放配额清缴情况，按程序报生态环境部
	5	受理、处理公民、法人和其他组织的举报，按照规定反馈并保密

职责类别	序号	具体职责
第四类：处罚	6	设区的市级生态环境主管部门的有关工作人员，在全国碳排放权交易及相关活动的监督管理中滥用职权、玩忽职守、徇私舞弊的，由其上级行政机关或者监察机关责令改正，并依法给予处分
	7	对虚报、瞒报温室气体排放报告或者拒绝履行报告义务的，责令限期改正，作出处罚

（二）重点排放单位及其他交易主体

1. 重点排放单位

依据《碳排放权交易管理办法（试行）》中重点排放单位权责的相关规定，仅有部分义务条款设置了对应法律责任，生态环境主管部门可据此作出处罚。而针对部分未设置法律责任的行为，全国碳排放权注册登记机构和交易机构可以对其采取限制措施，但限制措施的作出方式、表现形式无细化规定（表3-4）。

表3-4 重点排放单位权利义务和责任

环节	序号	权利和义务	责任
纳入名录环节	1	申请纳入重点排放单位名录	—
分配、登记环节	2	接收省级生态环境主管部门碳配额确定通知	—
	3	异议复核：对碳配额有异议的，七个工作日内向分配配额的省级生态环境主管部门申请复核，并要求十个工作日内作出复核决定	
	4	自愿注销所持有的碳排放配额	
	5	登记、变更登记： 在全国碳排放权注册登记系统开立账户； 发生合并、分立等情形需要变更单位名称、碳排放配额等事项的，报省级生态环境主管部门审核，向全国碳排放权注册登记机构申请变更登记； 不得冒用他人或者其他单位名义或者使用虚假证件开立登记账户	违反相关规定，全国碳排放权注册登记机构可依法对其采取限制交易措施； 注册登记机构对有关不合格账户采取限制使用等措施
	6	对注册登记机构的限制使用账户的措施提出异议	

续表

环节	序号	权利和义务	责任
排放核查环节	7	编制提交报告：编制上一年度的温室气体排放报告，载明排放量，并于每年3月31日前报省级生态环境主管部门； 报告符合"三性"：重点排放单位对排放报告的真实性、完整性、准确性负责	虚报、瞒报或者拒绝履行报告义务的：责令限期改正，处1万~3万元罚款；逾期未改正的，省级生态环境主管部门测算实际排放量，对虚报、瞒报部分，等量核减下一年度配额
	8	接收排放报告核查结果； 异议复核：对核查结果有异议的，七个工作日内向组织核查的省级生态环境主管部门申请复核，并要求十个工作日内作出复核决定	
	9	保存台账：排放报告所涉数据的原始记录和管理台账应当至少保存五年	未按照排污许可证规定保存原始监测记录，责令改正，处2万元以上20万元以下的罚款；拒不改正的，责令停产整治
	10	报告公开：年度温室气体排放报告应当定期公开，接受社会监督	—
配额清缴环节	11	配额清缴：在生态环境部规定的时限内，向分配配额的省级生态环境主管部门清缴上一年度的碳排放配额	未按时足额清缴碳排放配额的：责令限期改正，处2万~3万元罚款； 逾期未改正的，省级生态环境主管部门对欠缴部分，等量核减下一年度碳排放配额
	12	使用国家核证自愿减排量抵消碳排放配额的清缴（不超过应清缴配额的5%）； 注销登记：前述用于清缴部分在交易注册登记系统注销，并向注册登记机构提交有关注销证明材料	—
排放交易环节	13	开展交易。提起结算异议：对当日注册登记机构结算结果有异议，书面提出； 每个交易主体只能开设一个交易账户	—
	14	禁止通过直接或者间接的方法，操纵或者扰乱全国碳排放权交易市场秩序、妨碍或者有损公正交易的行为	操纵交易、扰乱秩序造成严重后果，交易机构可以采取适当限制交易措施并公告

续表

环节	序号	权利和义务	责任
排放交易环节	15	出现风险（配额、资金持仓量波动较大；配额被冻结、划扣等），应当按照登记机构要求报告情况	注册登记机构可以向相关机构或者人员发出风险警示并采取限制账户使用等处置措施
	16	交易主体违反《碳排放权交易管理规则（试行）》或者交易机构业务规则，对市场正在产生或将产生重大影响的，交易机构可以对交易主体采取限制资金或交易产品的划转和交易、限制相关账户使用的措施	
	17	交易主体涉嫌重大违法违规，正在被调查的，注册登记机构可以对其采取限制登记账户使用的措施，涉及交易活动的通知交易机构，确认后采取相关限制措施	
监督检查环节	18	接受对排放、报告碳排放数据，清缴配额，公开交易及相关活动信息的监督管理	涉嫌构成犯罪的，有关生态环境主管部门应当依法移送司法机关
	19	接受设区的市级以上生态环境主管部门监督检查	
	20	及时公开有关全国碳排放权交易及相关活动信息	
	21	接受公众、新闻媒体的监督	

2. 其他交易主体

除重点排放单位以外，符合国家有关交易规则的机构和个人也可参与全国碳市场交易，是全国碳市场其他交易主体。其他交易主体不涉及碳排放报告与核查、配额分配与清缴等义务，因此其权责内容与重点排放单位有所不同（表3-5）。

表3-5　其他交易主体的权利义务和责任

类别	序号	权利和义务	责任
账户管理	1	登记、变更登记： 在全国碳排放权注册登记系统开立账户、在交易机构开立交易账户。每个交易主体只能开设一个交易账户。 发生合并、分立等情形需要变更单位名称、碳排放配额等事项的，报省级生态环境主管部门审核，向全国碳排放权注册登记机构申请变更登记。 不得冒用他人或者其他单位名义或者使用虚假证件开立登记账户	违反相关规定，全国碳排放权注册登记机构可依法对其采取限制交易措施； 注册登记机构对有关不合格账户采取限制使用等措施

续表

类别	序号	权利和义务	责任
账户管理	2	对注册登记机构的限制使用账户的措施提出异议	
	3	查询配额状态，自愿注销配额	—
	4	开展交易；提出结算异议：对当日注册登记机构结算结果有异议，书面提出	
	5	通过交易机构获取交易凭证及其他相关记录	
	6	交易主体之间发生纠纷，可以提出调解申请	
交易环节	7	禁止通过直接或者间接的方法，操纵或者扰乱全国碳排放权交易市场秩序、妨碍或者有损公正交易的行为	操纵交易、扰乱秩序造成严重后果，交易机构可以采取适当限制交易措施并公告
	8	出现风险（配额、资金持仓量波动较大；配额被冻结、划扣等），应当按照登记机构要求报告情况[①]	注册登记机构可以向相关机构或者人员发出风险警示并采取限制账户使用等处置措施
	9	卖出交易产品的数量不得超过可交易数量；持仓量不得超过交易机构规定的限额	—
	10	发生交收违约，应当在规定时间内补足资金，否则将被追偿	
	11	交易主体违反《碳排放权交易管理规则（试行）》或者交易机构业务规则，对市场正在产生或将产生重大影响的，交易机构可以对交易主体采取限制资金或交易产品的划转和交易、限制相关账户使用的措施	
	12	交易主体涉嫌重大违法违规，正在被调查的，注册登记机构可以对其采取限制登记账户使用的措施，涉及交易活动的通知交易机构，确认后采取相关限制措施	

　　目前，尽管相关文件中明确了除重点排放单位之外的其他交易主体可以参与碳交易，但全国统一的碳市场尚未开放其他交易主体登记、开户和交易的功能，暂无实际交易发生。就地方碳市场而言，北京市、重庆市、深圳市等地已有其他交易主体参与碳交易的实例，对于个人参与碳交易提出了要求，例如，

---

① 《碳排放权结算管理规则（试行）》第十六条。

北京市在《北京市发展和改革委员会关于进一步开放碳排放权交易市场加强碳资产管理有关工作的通告》（京发改〔2014〕2656号）中提出以下要求：一是年龄18~60周岁；二是具有完全民事行为能力；三是风险测评合格；四是个人金融资产不少于100万元人民币；五是北京市户籍人员，或持有有效身份证并在京居住二年以上的港澳台居民、华侨及外籍人员，或持有有效《北京市工作居住证》的非北京市户籍人员，或持有北京市有效暂住证且连续五年（含）以上在北京市缴纳社会保险和个人所得税的非北京市户籍人员，或与北京市开展跨区域碳排放权交易合作且有实质性进展的地区户籍人员。再如，《重庆碳排放权交易开户指南》中规定，自然人申请投资需满足以下条件：一是投资者需具有完全民事行为能力；二是具有比较丰富的投资经验，较高的风险识别能力和风险承受能力；三是金融资产在10万元以上；四是交易所规定的其他条件。

（三）注册登记及交易机构

全国碳排放权注册登记机构通过全国碳排放权注册登记系统，记录碳排放配额的持有、变更、清缴、注销等信息，并提供结算服务。全国碳排放权注册登记系统记录的信息是判断碳排放配额归属的最终依据。全国碳排放权交易机构负责组织开展全国碳排放权集中统一交易。

在全国碳排放权注册登记机构成立前，由湖北碳排放权交易中心有限公司承担全国碳排放权注册登记系统账户开立和运行维护等具体工作。全国碳排放权交易机构成立前，由上海环境能源交易所股份有限公司承担全国碳排放权交易系统账户开立和运行维护等具体工作。因此，全国碳交易市场架构可以归纳为交易中心在上海，注册登记和结算中心在武汉，两机构相应的职责见表3-6、表3-7。

表3-6　全国碳排放权注册登记机构职责梳理

职责类别	序号	具体职责
登记账户管理	1	审核登记主体开户申请，开立账户
	2	办理重点排放单位名称、营业执照等信息变更手续，并向社会公开
	3	定期检查账户使用情况，发现账户信息与实际情况不符、未变更手续，采取限制使用措施；对合格账户解除限制措施。 对账户限制措施异议申请予以复核并作出书面回复。 前述情况涉及交易活动的，通知交易机构
资金结算账户管理	4	选择符合条件的商业银行作为结算银行，并开立交易结算资金专用账户。 对各交易主体存入账户的交易资金实行分账管理。 通过结算银行所开设的专用账户办理与交易主体之间的业务资金往来。 保障各交易主体存入交易结算资金专用账户的交易资金安全
登记	5	办理初始分配登记、交易登记（根据交易机构的成交成果办理交易登记）、清缴登记
	6	办理碳排放配额等事项（包括自愿注销、转让、扣划）变更登记，并向社会公开
	7	核验用于清缴部分的国家核证自愿减排量等材料，办理配额抵消登记
	8	为交易主体及时更新相关信息（根据交易机构成交成果更新）
制度管理	9	建立信息管理制度。 建设灾备系统，建立灾备管理机制和技术支撑体系，确保注册登记系统和交易系统数据、信息安全，实现信息共享与交换。 建立结算风险防范制度。 建立风险准备金制度。 建立风险警示制度。 建立风险管理机制和信息披露制度，制定风险管理预案；两机构配合建立碳排放权交易结算风险联防联控制度。 全国碳排放权注册登记机构和交易机构建立管理协调机制，数据及时、准确、安全、有效交换
结算	10	当日交易结束后，办理碳排放配额与资金的逐笔全额清算和统一交收；反馈交易机构确认
	11	当日结算完成后，向交易主体发送结算数据；无法发送，及时通知交易主体，并采取限制出入金等措施
监督与风险管理	12	接受生态环境部监督管理，提供信息资料
	13	保存登记原始凭证及有关文件和资料，保存期限不得少于20年，并进行凭证电子化管理

续表

职责类别	序号	具体职责
监督与风险管理	14	配合司法机关和国家监察机关查询相关数据和资料。配合司法机关办理冻结
	15	无法正常进行或出现结算、交收危机等对结算有重大影响的情况，发布异常情况公告，采取紧急措施
	16	发生交收违约，通知补足资金，未补足应当用风险准备金或自有资金弥补
	17	交易主体涉嫌重大违法违规，正在被调查的，可以对其采取限制登记账户使用的措施，涉及交易活动的通知交易机构，确认后采取相关限制措施。 对违反规定的交易主体采取限制交易措施
	18	出现风险（配额、资金持仓量波动较大；配额被冻结、划扣等），可以要求交易主体报告情况，向相关机构或者人员发出风险警示并采取限制账户使用等处置措施。涉及交易活动的及时通知交易机构
机构及人员责任	19	机构及其工作人员不得利用职务便利谋取不正当利益；不得有其他滥用职权、玩忽职守、徇私舞弊行为。（责任：生态环境部作出处分，并向社会公开） 机构及其工作人员不得泄露商业秘密。（按照其他规定处理①） 机构及其工作人员不得持有碳排放配额，已有的应转让；相关人员报告备案。 机构及其工作人员应当遵守技术规范及国家其他有关主管部门关于交易监管的规定
其他	20	系统运行：保证注册登记系统安全稳定可靠运行。 报告：定期向生态环境部报告登记、交易、结算等活动和机构运行的情况以及重大事项。 信息公开：及时公布碳排放权登记、交易、结算等信息

---

① 根据严重程度，判断是否属于《反不正当竞争法》第二十一条侵犯商业秘密的行为，作出行政处罚；或是否构成《刑法》第二百一十九条侵犯商业秘密罪，承担刑事责任。

表3-7　全国碳排放权交易机构职责梳理

职责类别	序号	具体职责
登记账户管理	1	为交易主体开立交易账户
制度管理	2	建立风险管理制度、建立信息披露与管理制度，报生态环境部备案。设定涨跌幅限制制度；制定大户报告标准；实行风险警示制度；建立风险准备金制度，单独核算，专户存储；建立交易系统的灾备系统，建立灾备管理机制和技术支撑体系，确保交易系统和注册登记系统数据、信息安全。 建立信息披露与管理制度，并报生态环境部备案；注册登记机构应当与交易机构相互配合，建立碳排放权交易结算风险联防联控制度。 全国碳排放权交易机构建立管理协调机制，数据及时、准确、安全、有效交换
结算	3	向注册登记机构提交成交结果，用于清算交收业务
监督与风险管理	4	实行最大持仓量限制制度。对交易主体的最大持仓量进行实时监控。注册登记机构对实时监控提供必要支持
	5	实行异常交易监控制度。交易主体违反规则或者对市场正在产生或者将产生重大影响的，交易机构可以限制资金或者交易产品的划转和交易、限制相关账户使用
	6	调解交易主体之间有关交易的纠纷，出具调解意见
	7	接受生态环境部监督管理，提供信息资料
	8	保存交易相关的原始凭证及有关文件和资料，保存期限不得少于20年
	9	采取措施，防止过度投机的交易行为；对全国碳排放权交易进行实时监控；因操纵或者扰乱全国碳排放权交易市场秩序等行为造成严重后果的交易，可以采取适当措施并公告。 特殊情况交易机构采取暂停交易、恢复交易等措施时，应当予以公告，并向生态环境部报告
	10	对违反规定的交易主体采取限制交易措施
机构及人员责任	11	机构及其工作人员不得利用职务便利谋取不正当利益；不得有其他滥用职权、玩忽职守、徇私舞弊行为。（责任：生态环境部作出处分，并向社会公开） 机构及其工作人员不得泄露商业秘密。（按照其他规定处理①）

---

① 根据严重程度，判断是否属于《反不正当竞争法》第二十一条侵犯商业秘密的行为，作出行政处罚；或是否构成《刑法》第二百一十九条侵犯商业秘密罪，承担刑事责任。

职责类别	序号	具体职责
机构及人员责任	11	机构及其工作人员不得持有碳排放配额，已有的应转让；相关人员报告备案。 机构及其工作人员应当遵守技术规范及国家其他有关主管部门关于交易监管的规定。 对全国碳排放权交易相关信息负有保密义务，工作人员不得泄露账户和业务信息。 不得发布或者串通其他单位和个人发布虚假信息或者误导性陈述
其他	12	设置、调整交易时段；设定、调整单笔买卖申报数量，报生态环境部备案。 系统运行：保证交易系统安全稳定可靠运行。 报告：定期向生态环境部报告登记、交易、结算等活动和机构运行的情况以及重大事项。 信息公开：及时公布碳排放权登记、交易、结算等信息

（四）其他主体

碳交易过程中还涉及第三方核查机构、结算银行、系统服务机构等其他参与主体。

1.第三方核查机构的义务和责任

在实际碳核查工作中，省级生态环境主管部门可通过政府购买服务的方式委托第三方技术服务机构开展核查，也可自行开展碳排放报告核查，因此第三方核查机构并不是碳交易过程中必需的参与主体。现行规定仅对第三方核查机构的法律义务作出原则性规定，未设置罚则，主要包括：

第一，对核查结果的三性负责。《碳排放权交易管理办法（试行）》第二十六条第二款："省级生态环境主管部门可以通过政府购买服务的方式委托技术服务机构提供核查服务。技术服务机构应当对提交的核查结果的真实性、完整性和准确性负责。"

第二，核查机构及其工作人员不得持有碳排放配额。《碳排放权登记管理规则（试行）》第二十八条规定："核查技术服务机构及其工作人员，不得持有碳排放配额。已持有碳排放配额的，应当依法予以转让。任何人在成为前款所列人员时，其本人已持有或者委托他人代为持有的碳排放配额，应当依法转让并办理完成相关手续，向供职单位报告全部转让相关信息并备案在册。"

第三，禁止操纵交易或扰乱市场秩序。《碳排放权交易管理规则（试行）》第三十四条："禁止任何机构和个人通过直接或者间接的方法，操纵或者扰乱全国碳排放权交易市场秩序、妨碍或者有损公正交易的行为。因为上述原因造成严重后果的交易，交易机构可以采取适当措施并公告。"

第四，不得泄露商业秘密。《碳排放权交易管理规则（试行）》第三十六条规定："交易系统软硬件服务提供者等全国碳排放权交易或者服务参与、介入相关主体不得泄露全国碳排放权交易或者服务中获取的商业秘密。"

在一些地方法规中，针对核查机构违规核查的行为设置了法律责任条款，见表3-8。

表3-8　地方法规中有关核查机构法律责任条款

序号	地区	法律责任条款
1	上海	出具虚假、不实核查报告的、核查报告存在重大错误的、未经许可擅自使用或者发布被核查单位的商业秘密和碳排放信息的。由主管部门责令限期改正，处以3万元以上10万元以下罚款
2	天津	出具虚假核查报告、违反有关规定使用或发布纳入企业商业秘密的，由主管部门责令限期改正；给纳入企业造成经济损失的，依法承担赔偿责任；构成犯罪的，依法承担刑事责任
3	重庆	核查机构未按规定开展核查工作的，由主管部门责令改正；情节严重的，公布其违法违规信息。给配额管理单位造成经济损失的，依法承担赔偿责任；涉嫌犯罪的，移送司法机关依法处理
4	湖北	违反核查原则时由主管部门予以警告。有违法所得的，没收违法所得，并处以违法所得1倍以上3倍以下，但最高不超过15万元的罚款；没有违法所得的，处以1万元以上5万元以下的罚款
5	广东	出具虚假、不实核查报告的、未经许可擅自使用或者发布被核查单位的商业秘密和碳排放信息的，由主管部门责令限期改正，并处3万元以上5万元以下罚款

续表

序号	地区	法律责任条款
6	深圳	与重点排放单位相互串通虚构或者捏造数据的，由主管部门责令限期改正，并分别对管控单位和核查机构处与实际碳排放量的差额乘以违法行为发生当月之前连续六个月碳排放权交易市场配额平均价格三倍的罚款。出具虚假报告或者报告严重失实的，由主管部门责令限期改正，并处与实际碳排放量的差额乘以违法行为发生当月之前连续六个月碳排放权交易市场配额平均价格三倍的罚款。给管控单位造成损失的，依法承担赔偿责任。核查机构与控排单位有其他利害关系，违反公平竞争原则的，由主管部门责令限期改正，并处五万元罚款；情节严重的，处十万元罚款。泄露管控单位信息或者数据的，由主管部门或者市统计部门责令限期改正，并处五万元罚款；情节严重的，处十万元罚款。给管控单位造成损失的，应当依法承担赔偿责任
7	福建	出具虚假、不实核查报告，核查报告存在重大错误，泄露被核查单位的商业秘密，责令限期改正；逾期未改正的，处以1万元以上3万元以下罚款
8	四川	出具虚假、不实核查报告；核查报告存在重大错误；未经许可擅自使用或者公布被核查单位的商业秘密；其他违法违规行为，按相关法规处罚；情节严重的，由省碳交易主管部门责令其暂停核查业务，并取消其核查机构备案；给重点排放单位造成经济损失的，承担赔偿责任；构成犯罪的，依法追究刑事责任

2.结算银行的义务和责任

碳排放权三部规则对结算银行的法律义务作出原则性规定，未设置罚则，包括保障资金安全、不得参与碳交易以及禁止操纵或扰乱市场秩序等。

3.系统服务机构的义务和责任

碳排放权三部规则对系统服务机构的法律义务作出原则性规定，未设置罚则，包括不得泄露商业秘密、禁止利用内幕信息参与交易以及禁止操纵交易或扰乱市场秩序。

第四章

碳交易执法重点关注问题

全国碳市场建设正处于快速发展阶段，相关政策文件密集出台，构建高效的碳交易监管执法体系是确保全国碳市场平稳运行的基本保障。生态环境部在2021年10月23日发布《关于做好全国碳排放权交易市场数据质量监督管理相关工作的通知》（环办气候函〔2021〕491号），要求各省份切实加强企业碳排放数据质量监督管理，开展数据质量自查工作。同时，碳交易执法已纳入生态环境保护综合行政执法事项指导目录中。为指导地方执法，本章节将对碳交易执法中存在的碳排放报告数据质量问题、现有违法行为类型和今后可能发生的违法违规情形以及线索来源等三个重点内容展开论述。

一、碳排放报告数据质量

发电行业是率先纳入全国碳市场统一管理的行业，本节将以其为例，结合生态环境部发布的《2019—2020年全国碳排放权交易配额总量设定与分配实施方案（发电行业）》《企业温室气体排放核算方法与报告指南　发电设施》和《企业温室气体排放核算方法与报告指南　发电设施（2022年修订版）》，对工艺流程、产碳节点、碳排放核算以及执法要点进行阐述。

（一）发电行业企业生产工艺及产碳节点

我国发电行业多数为燃煤机组，少量燃气、燃油机组及农林生物质机组。发电行业企业的产品为电力和热力，生产装置由燃烧装置、汽轮机和发电机组成。燃料不同，其生产工艺也有所差异，本节主要介绍燃煤电厂工艺流程及产碳节点。

1. 常见的燃煤电厂典型生产工艺流程

原煤运至电厂后破碎、输进锅炉炉膛，经过化学处理后的水在锅炉内被加热成高温高压蒸气，推动汽轮机高速运转，汽轮机带动发电机发电，电能通过升压站送往输电线路，供用户使用，热力通过管路供用户使用。

2. 燃煤电厂的主要生产设施和辅助生产设施

燃煤电厂的主要生产设施和辅助生产设施分为燃料贮运系统、燃烧及制粉系统、汽轮发电系统、化学水处理系统、冷却系统、脱硫系统、脱硝系统、除灰渣系统及公用系统（给排水、电气、暖通等）。

3. 发电行业企业碳排放节点

按照《中国发电企业　温室气体排放核算方法与报告指南（试行）》的要求，发电行业企业碳排放主要包括化石燃料燃烧排放、脱硫过程排放以及购入电力使用产生的排放三个部分。其中，化石燃料燃烧排放包括发电锅炉（含启动锅炉）、燃气轮机等主要生产系统消耗的化石燃料燃烧产生的二氧化碳排放以及厂内运输车辆等移动设备的化[①]燃料燃烧产生的二氧化碳排放；脱硫过程排放包括脱硫装置脱硫剂分解消耗产生的二氧化碳排放；购入电力使用产生的二氧化碳排放是指企业生产设施消费的购入电力所对应的二氧化碳排放。

按照《企业温室气体排放核算方法与报告指南　发电设施》的要求，纳入全国碳市场的发电行业企业发电设施的温室气体核算和报告的范围主要包括化石燃料燃烧产生的二氧化碳排放和购入使用电力产生的二氧化碳排放两部分。脱硫过程的二氧化碳直接排放不纳入核算范围，但脱硫装置使用电力产生的二氧化碳排放计入厂用电排放核算。

[①] 《中国发电企业　温室气体排放核算方法与报告指南（试行）》要求，将发电行业净购入电力使用产生的二氧化碳排放纳入企业二氧化碳排放，但在实际核算过程中，发电行业企业作为供能单位仅需计算购入电力产生的排放。

（二）发电行业碳执法监管内容

1.发电机组合规性

（1）纳入配额管理的机组要求。

按照《2019—2020年全国碳排放权交易配额总量设定与分配实施方案（发电行业）》要求，300 MW等级以上常规燃煤机组，300 MW等级及以下常规燃煤机组，燃煤矸石、煤泥、水煤浆等非常规燃煤机组（含燃煤循环流化床机组）和燃气机组四个类别需纳入全国碳市场配额管理。此外，在完整履约年度内使用自产二次能源热量占比或掺烧生物质比例不超过10%的发电机组，也需纳入全国碳市场配额管理，其发电机组类别按照主要化石燃料类别确定。

对于纯生物质发电机组、特殊燃料发电机组、仅使用自产资源发电机组、满足要求的掺烧发电机组以及其他特殊发电机组暂不纳入配额管理。

（2）现场检查内容。

重点排放单位是否存在瞒报应纳未纳发电机组、是否存在违规建设发电机组为该部分现场检查的重点内容。

第一，现场查看重点排放单位的发电机组实际建设情况，通过查看发电机、汽轮机铭牌或机组运行规程等，确认重点排放单位发电机组数量、类别、等级、汽轮机排汽冷却方式等信息是否准确。

第二，现场查看重点排放单位燃料消耗台账、供应商燃料结算凭证等记录台账，核实重点排放单位完整履约年度内于使用非自产可燃性气体及掺烧生物质等燃料的情况，确认混烧自产二次能源比例或掺烧生物质燃料比例占比是否不超过10%。

第三，通过查看发电设施的环评及批复、排污许可证、立项核准文件、电力业务许可证等审批文件，现场核实发电设施机组数量、装机容量与审批文件要求的一致性，是否存在违规建设、应拆未拆、未申领排污许可证或者未如期提交排污许可证执行报告的发电机组。

2. 化石燃料消耗量

（1）化石燃料消耗量来源要求。

化石燃料消耗量可以从生产系统记录、购销存台账、供应商结算凭证三种来源获取。化石燃料消耗量应优先采用生产系统记录的计量数据，其次采用购销存台账的消耗量数据。数据获取优先顺序在后续核算年度不应降低，如2020年，重点排放单位从生产记录系统获取燃煤消耗量，则2021年燃煤消耗量来源也应为生产记录系统。

燃煤机组，应优先采用每日入炉煤测量数据，即采用皮带秤或耐压式计量给煤机直接计量的数据；如不具备入炉煤测量条件的，可采用每日或每批次入厂煤盘存测量数据。

燃气机组，燃气消耗量需至少每月测量。

（2）计量器具要求。

计量器具的标准应符合《用能单位能源计量器具配备和管理通则》（GB 17167）的相关规定。轨道衡、皮带秤、汽车衡等计量器具的准确度等级应符合《火力发电企业能源计量器具配备和管理要求》（GB/T 21369）的相关规定，并确保在有效的检验周期内。

用于对外结算的属于强制性检定计量器具，需委托计量检定机构定期检定，如用于测量入厂煤的汽车衡（图4-1）；不涉及强制性检定的，可由企业自行按期校验、维护，如用于测量入炉煤消耗量的皮带秤。

图4-1　汽车衡

燃煤机组，入炉煤消耗量常采用皮带秤或耐压式计量给煤机（图4-2）等器具测量；皮带秤和耐压式计量给

图4-2 耐压式计量给煤机

煤机的检定应符合《连续累计自动衡器（皮带秤）》（JJG 195）要求。入厂煤消耗量常采用汽车衡或轨道衡等器具测量；汽车衡检定应符合《电子汽车衡（衡器载荷测量仪法）》（JJG 1118）要求；轨道衡检定应符合《数字指示轨道衡》（JJG 781）要求。燃煤消耗量计量器具的检定周期一般不超过1年。

燃气机组，燃气表检定应符合《膜式燃气表》（JJG 577）要求，检定周期一般不超过3年。

燃油加油机检定应符合《燃油加油机》（JJG 443）要求，检定周期一般不超过6个月。

（3）现场检查内容。

化石燃料消耗量数据来源是否符合规范要求，统计是否完整、准确，以及计量器具检验是否合规是现场检查的重点内容。

第一，现场检查重点排放单位化石燃料消耗量计量点位，核实化石燃料消耗量测量条件是否符合要求。

第二，调阅重点排放单位每日和月度生产报表、购销存台账以及结算凭证等，通过与排放报告中数据比对，核实化石燃料消耗量来源是否符合要求；通过多个数据来源交叉核对，抽查月度化石燃料消耗量统计情况，核实燃料消耗量统计是否完整、准确。需要关注的是，发电机组在启机时，可能产生燃油消耗，该部分消耗量应计入化石燃料消耗量中。

第三，对于汽车衡、轨道衡、燃气表等强制性检定计量器具，现场检查检定证书；对于皮带秤、耐压式计量给煤机等不涉及强制性检定的计量器具，现场检查企业校验记录，核实计量器具是否在有效检验周期内。

3. 煤样采集、制备与保存

（1）煤样采集要求。

煤样的采样方法需符合《商品煤样人工采取方法》（GB 475）或《煤炭机械化采样　第1部分：采样方法》（GB/T 19494.1）标准要求。其中，入厂煤，可采用静止煤采样方法；入炉煤，可采用移动煤流采样方法，应按照时间间隔或质量间隔均匀采样，直至煤流结束（图4-3）。

图4-3　入炉煤机械采样示例

（2）煤样制备要求。

煤样的制备方法需符合《煤样的制备方法》（GB 474）标准要求。

制样应在专门的样室中进行，在制样过程中应避免样品受污染；制样室应宽大敞亮，应为水泥地面，不受风雨及外来灰尘的影响，室内要有除尘设备；如采用堆锥四分法进行缩分，堆掺缩分区需要在水泥地面上铺以厚度6 mm以上的钢板（图4-4和图4-5）。

图4-4　制样室　　　　　　图4-5　破碎缩分机示例

常见的分析试验煤样包括全水分煤样、一般分析试验煤样、全水分和一般分析试验共用煤样三种，各煤样制备要求见表4-1。

表4-1　煤样制备要求

煤样种类		重量/kg	粒度/mm
全水分煤样		1.25	6
一般分析试验煤样		0.060～0.300	0.2
共用煤样	全水分煤样	1.25/3	6/13
	一般分析试验煤样	0.060	0.2

（3）煤样保存要求。

煤样需有永久性的唯一识别标识；煤样标签或附带文件中应有以下信息：煤的种类、级别和标称最大粒度以及批的名称（船或火车名及班次），煤样类型（一般煤样、水分煤样等），采样地点、日期和时间。

煤样需装在无吸附、无腐蚀的气密容器中，粒度为3 mm，重量为700 g。按照《企业温室气体排放核算方法与报告指南　发电设施》的要求，测试后1年内的煤样保存良好、可查。

（4）现场检查内容。

煤样采集是否具有代表性、煤样制备是否符合要求，以及煤样保存是否规范是现场检查的重点内容。

第一，现场查看煤样采集设备运行情况或采样记录，核实煤样采集是否符合要求；

第二，现场查看制样室环境、制样规程等，核实煤样制备环境、方法是否符合要求；

第三，现场查看煤样留存环境、容器、标识等，核实煤样保存方式、时限是否符合要求。

4.煤质分析

（1）全水分测定标准及频次要求。

全水分的测定标准为《煤中全水分的测定方法》（GB/T 211），可采用《煤的工业分析方法》（GB/T 212）测定空干基煤样水分作为内水，计算全水分。具备检测全水分条件的，应检测每日入炉煤全水分或每批次入厂煤全水分。测定水分的烘干温度和时间要求见表4-2。

表4-2　煤样水分检测要求

检测项目	检测方法	烘干温度/℃	烘干时间
全水分	《煤中全水的测定方法》（GB/T 211）	105~110	烟煤，2 h 褐煤和无烟煤，3 h
外水	《煤中全水的测定方法》（GB/T 211）	40	1 h
内水	《煤中全水的测定方法》（GB/T 211） 《煤的工业分析方法》（GB/T 212）	105~110	烟煤，1.5 h 褐煤和无烟煤，2 h

（2）低位发热量测定标准及频次要求。

具备低位发热量测定条件的，可自行检测燃料低位发热量；若不具备，可委托具有相关资质的检测机构检测。低位发热量的测定方法和频次要求见表4-3。

表4-3　燃料低位发热量测定要求

燃料种类	测定标准	测定频次	缺省值
燃煤	《煤的发热量测定方法》（GB/T 213）	入炉煤：每日 入厂煤：每日或每批次	26.7 GJ/t
燃气	《天然气　发热量、密度、相对密度和沃泊指数的计算方法》（GB/T 11062）	每月	指南附录B 表B.1
燃油	《火力发电厂燃料试验方法　第8部分：燃油发热量的测定》（DL/T 567.8）	每月	指南附录B 表B.1

燃煤低位发热量，应优先采用每日入炉煤低位发热量检测结果，其次采用每日或每批次入厂煤低位发热量检测结果。若无实测时，或测定方法不符合标准规范要求时，需采用指南中的缺省值。

燃气或燃油低位发热量，应至少每月检测一次低位发热量。若某月实测次数多于一次，应采用算术平均值作为该月检测结果。若无实测时，可采用供应商检测报告中的数据或采用指南中的缺省值。

（3）单位热值含碳量测定标准及频次要求。

单位热值含碳量为元素碳含量与低位发热量的比值。具备元素碳含量测定条件的，可自行检测燃料低位发热量；若不具备，可委托具有相关资质的检测机构检测。元素碳含量测定方法和频次要求见表4-4。

表4-4 燃料元素碳含量测定要求

燃料种类	测定标准	测定频次	缺省值
燃煤	《煤中碳和氢的测定方法》（GB/T 476）《煤中碳氢氮的测定 仪器法》（GB/T 30733）《燃料元素的快速分析方法》（DL/T 568）《煤的元素分析》（GB/T 31391）	入炉煤：每日或日煤缩分样品月混合样 入厂煤：每批次	0.033 56 tC/GJ
燃气	《天然气的组成分析 气相色谱法》（GB/T 13610）	每月	指南附录B表B.1
燃油	《燃料元素的快速分析方法》（DL/T 568—95）	每月	指南附录B表B.1

燃煤元素碳含量，需优先采用每日入炉煤元素碳含量检测结果，其次采用每批次入厂煤元素碳含量检测结果。若委托检测机构检测，需每日留存入炉煤缩分样，每月将日入炉煤缩分样混合后送检，应于样品采集之后30个自然日内完成检测。当某日或某月度燃煤单位热值含碳量无实测，或测定方法不符合标准要求时，需采用指南中的缺省值。

燃气和燃油元素碳含量，需至少每月检测一次元素碳含量。若某月实测次数多于一次，应采用算术平均值作为该月检测结果。若无实测时，可采用供应商检测报告中的数据或采用指南中的缺省值。

（4）煤质分析结果基换算。

燃煤低位发热量、元素碳含量应均为收到基状态。如果实测数据为干燥基或空气干燥基状态分析结果，应采用《煤炭分析结果基的换算》（GB/T 35985）方法标准换算收到基分析结果（表4-5）。

表4-5 煤质分析结果基换算要求

已知基	要求基		
	空气干燥基（ad）	收到基（ar）	干燥基（d）
空气干燥基（ad）	—	$\dfrac{100-M_{ar}}{100-M_{ad}}$	$\dfrac{100}{100-M_{ad}}$
收到基（ar）	$\dfrac{100-M_{ad}}{100-M_{ar}}$	—	$\dfrac{100}{100-M_{ar}}$
干燥基（d）	$\dfrac{100-M_{ad}}{100}$	$\dfrac{100-M_{ar}}{100}$	—

例如：已知空气干燥基元素碳含量（C_{ad}），折算收到基元素碳含量（C_{ar}）

$$C_{ar}=C_{ad}\times\dfrac{100-M_{ar}}{100-M_{ad}}$$

（5）自行检测现场检查内容。

煤质分析方法是否合规、检测规程是否规范、数据选取是否准确是自行检测现场检查的重点内容。

第一，现场查看煤质分析操作规程、煤质分析台账记录等，确定煤质检测方法符合标准要求；可通过查看化验室人员资质或询问化验室人员操作流程的方式，确定重点排放单位具备煤质分析能力。

第二，现场查看煤质分析操作规程、检测仪器参数设定，核实检测规程是否规范。如全水分的检测仪器为干燥箱、天平或水分分析仪，通过查看干燥箱或水分分析仪设定的温度和烘干时间，检查重点排放单位全水分检测是否规范。

第三，通过调阅比对检测仪器原始记录与煤质分析台账记录，检查重点排放单位煤质分析数据是否真实、准确；通过抽查月度低位发热量、单位热值含碳量，比对验算排放报告中月度低位发热量、单位热值含碳数据与煤质分析台账记录中数据是否一致，检查重点排放单位是否采用准确的收到基煤质分析数据核算碳排放量。

第四，检测仪器应定期校准、标定，现场查看相关记录及证书，如检测仪器的校准证等，检查仪器维护是否符合规范要求。

（6）委托检测检查内容。

检测报告是否真实有效、委托检测机构是否具备资质要求是委托检测现场检查的重点内容。

第一，通过检查重点排放单位委托检测协议、煤样送检及报告接收记录等，核实企业委托检测的真实性。

第二，重点核实检测报告的真实性及检测机构的合规性。委托检测机构应通过中国计量认证（CMA）或中国合格评定国家认可委员会（CNAS）认可。

CMA资质可从国家市场监督管理总局服务平台查询："我要查"的"认证认可信息公共服务平台"中点击"资质认定机构"。CMA检测报告需加盖CMA资质认定标志。检测报告可通过国家市场监督管理总局网站"检验检测报告编号查询"查询检测报告的真实性。

CNAS资质可从中国合格评定国家认可委员会网站查询："获认可的实验室名录"—"检测和校准实验室"。通过"证书附件"中"已正式公布的结构化能力范围"查询检测机构通过CNAS认可的检测项目和检测方法。

第三，对于采用月度缩分样送检元素碳含量的情况，通过查看检测报告中送检、验讫、报告等时间，核实重点排放单位是否按照要求于每月样品采集之后30个自然日内完成检测，如应于3月30日前完成2月月度元素碳含量的检测。

5. 购入电力数据

（1）购入电力数据获取要求。

购入电力数据应优先采用电表记录的读数，其次采用供应商提供的电费结算凭证上的数据。

（2）现场检查内容。

购入电力是否统计完整、准确是现场检查的重点。

电力企业一般在维修、检修期间存在购入电力。可查看生产日志，核实重点排放单位购入电力统计时段是否完整；比对生产日志与结算凭证，核验排放报告中购入电力数据是否准确。

6.生产数据

（1）发电量和供电量获取要求。

发电量、供电量和厂用电量应根据企业电表记录的读数获取或计算。

发电量不包括应急柴油发电机的发电量；如存在应急柴油发电机发电供给发电机组消耗的情形，该发电量应计入厂用电量。

脱硫脱硝设施用电量应计入厂用电量。

对于纯凝机组，供电量=发电量－厂用电量；对于热电联产机组，供电量=发电量－发电厂用电量，发电厂用电量=（厂用电量－供热专用的厂用电量）×（1－供热比）。

（2）供热量获取要求。

供热量数据应优先采用直接计量的热量数据，其次采用结算凭证上的数据。

（3）供热比获取要求。

供热比计算相关参数应优先从生产系统记录的实际运行数据获取，其次采用结算凭证上的数据；如不具备上述数据来源，可采用相关技术文件或铭牌规定的额定值。

（4）计量器具要求。

涉及对外结算的电能表、流量计、热量表属于强制性检定计量器具，应按照规范要求委托计量检定机构定期检定。不涉及强制性检定的计量器具，也应按照规范要求定期校验。

（5）现场检查内容。

生产数据统计是否完整、准确，计量器具是否按要求检定是现场检查的重点内容。

第一，现场查看电表间等计量器具点位，明确重点排放单位生产数据获取方式是否符合要求；调阅重点排放单位每日、月度以及年度生产报表，抽取部分月度数据，核算排放报告中的生产数据与重点排放单位生产报表中的数据是否一致，检查生产数据统计是否准确。对于供热比计算，应核实供热比计算中焓值相关的温度、压力等参数来源的准确性。

第二，现场查看电能表、燃气表等计量器具的校准、检定记录或证书，检查仪器维护是否符合规范要求。

（三）温室气体排放报告监管执法新要求

2022年3月10日，生态环境部发布《关于做好2022年企业温室气体排放报告管理相关重点工作的通知》（环办气候函〔2022〕111号）和《企业温室气体排放核算方法与报告指南 发电设施（2022年修订版）》，要求发电行业重点排放单位按照《企业温室气体排放核算方法与报告指南 发电设施》要求报送2021年度温室气体排放报告，按照《企业温室气体排放核算方法与报告指南 发电设施（2022年修订版）》更新并实施数据质量控制计划、依法做好信息公开；同时，通知还要求市级生态环境主管部门强化日常监管，按照"双随机、一公开"的方式对纳入名录管理的重点排放单位进行日常监督执法。因此，自2022年4月起，地方生态环境执法人员应按照《企业温室气体排放核算方法与报告指南 发电设施（2022年修订版）》要求，对发电行业重点排放单位温室气体排放数据监测、管理、台账记录以及报告等工作的落实情况进行日常监督检查。

2022年6月8日，生态环境部印发《关于高效统筹疫情防控和经济社会发展 调整2022年企业温室气体排放报告管理相关重点工作任务的通知》（环办气候函〔2022〕229号），延长了2021年度发电行业重点排放单位碳排放核查等工作完成时限，延至2022年9月底前完成2021年度排放报告的核查、2022年度重点排放单位名录确定等工作；调整了发电行业重点排放单位元素碳含量、低位发热量等碳排放相关参数取值方式，发电行业重点排放单位2021年度、2022年度元素碳含量实测月份为3个月及以上的重点排放单位可使用当年度已实测月份数据的算术平均值替代缺失月份数据，否则缺失月份采用缺省值0.030 85 tC/GJ，缺失月份燃煤低位发热量依序按入炉煤、入厂煤或供应商煤质检测结果取值。此外，为严厉打击数据弄虚作假行为，对查实存在元素碳含量虚报、瞒报的重点排放单位，燃煤元素碳含量仍采用0.033 56 tC/GJ的高限值。

《企业温室气体排放核算方法与报告指南　发电设施（2022年修订版）》要求的适用范围、工作程序和内容、核算边界和排放源等内容均与《企业温室气体排放核算方法与报告指南　发电设施》要求一致，细化了碳排放量计算公式、元素碳含量检测、样品采集制备与留存、计量器具校验、原始记录与台账管理、信息公开等方面的要求，强化了重点排放单位温室气体排放数据过程管理，要求变化见表4-6。

表4-6　要求对比一览表

序号	环节	具体要求	《企业温室气体排放核算方法与报告指南　发电设施》	《企业温室气体排放核算方法与报告指南　发电设施（2022年修订版）》
1	碳排放量计算公式	碳排放量计算公式要求	不区分元素碳含量实测和未实测的情形，采用同一计算公式	元素碳含量实测时，低位发热量不参与碳排放量的计算；元素碳含量未实测时，应采用化石燃料低位发热量折算元素碳含量，从而计算重点排放单位碳排放量
2	化石燃料消耗量的测定	燃煤消耗量的计量器具校验要求	计量器具应确保在有效的检验周期内	皮带秤应每旬采用皮带秤实煤或循环链码校验一次；如无实煤校验装置的，应至少每季度利用其他已检定合格的衡器对皮带秤进行实煤计量比对

续表

序号	环节	具体要求	《企业温室气体排放核算方法与报告指南 发电设施》	《企业温室气体排放核算方法与报告指南 发电设施（2022年修订版）》
3	煤样的采集、制备及留存要求	月缩分煤样制备要求	无具体要求	每月末将该月日缩分煤样混合。日缩分煤样的质量应正比于日入炉煤消耗量且基准保持一致
		煤样留存要求	所有煤样应至少留存一年	日综合煤样和月缩分煤样均应留存一年
4	元素碳含量的测定	燃煤元素碳含量计算方法	无具体要求	对于每日检测入炉煤燃煤元素碳含量的，应加权计算月度燃煤元素碳含量，权重为每日入炉煤消耗量
		元素碳含量检测报告要求	无具体要求	（1）检测报告应加盖CMA资质认定标志或CNAS认可识章；（2）检测报告内容应包括元素碳含量、低位发热量、氢含量、全硫、水分等参数的检测结果
		委托检测的要求	保留检测报告备查	（1）检测报告内容应包括收到样品时间、样品对应月份、样品测试标准、收到样品重量和样品测试结果对应状态（收到基、干燥基或空气干燥基）；（2）应保留检测机构或实验室出具的检测报告及相关材料，包括但不限于送检记录、样品邮寄单、检测机构委托协议及支付凭证、咨询服务机构委托协议及支付凭证等
		元素碳含量数据获取来源要求	优先采用每日入炉煤检测数值	取消了数据获取优先序要求，采用入炉煤每日检测数据、入厂煤每批次检测数据或每月缩分样检测数据均可
5	购入电力排放核算	电网排放因子取值要求	采用0.610 1 tCO$_2$/MWh，或生态环境部发布的最新数值	采用0.581 0 tCO$_2$/MWh，或生态环境部发布的最新数值
6	信息公开要求	清缴履约情况公开要求	无具体要求	重点排放单位应公开清缴履约完成情况

续表

序号	环节	具体要求	《企业温室气体排放核算方法与报告指南 发电设施》	《企业温室气体排放核算方法与报告指南 发电设施（2022年修订版）》
7	信息报送要求	咨询机构公开要求	无具体要求	重点排放单位应公开编制温室气体排放报告的技术服务机构名称和统一社会信用代码
8	存证要求	月度存证要求	无具体要求	自2022年4月起，每月结束后40日内，应将台账和原始记录上传环境信息平台存证，包括但不限于： ①月度燃料消耗量、燃料低位发热量、元素碳含量、购入使用电量等参数数据及其加盖公章的台账记录扫描文件； ②检测报告扫描文件； ③月度供电量、供热量、负荷系数等生产数据及其加盖公章的台账记录扫描文件

二、现有违法行为类型

本节将对现有重点排放单位和技术服务机构两类主体的违法案件类型、案源线索及证据类型进行归类。

（一）重点排放单位

1. 北京某物业管理有限公司逾期未报送碳排放第三方核查报告

案情提要：北京某物业管理有限公司被列为2018年北京市重点碳排放单位，按照《北京市生态环境局关于做好2019年重点碳排放单位管理和碳排放权交易试点工作的通知》（京环发〔2019〕6号）要求，应于2019年5月15日前提交2018年度碳排放第三方核查报告，但该单位逾期未报送。北京市生态环境局于7月11日出具《责令改正违法行为决定书》（京环境责改字〔2019〕Z6号），要求该单位在5个工作日内改正，该单位于7月16日收悉，但在7月26日再次检查时仍未改正。上述行为违反了《关于北京市在严格控制碳排放总量前提下开展碳排放权交易试点工作的决定》第三条规定。

主要证据：营业执照、身份证复印件；授权委托书、现场检查笔录、调查询问笔录；责令改正违法行为决定书等。

处罚决定：依据《关于北京市在严格控制碳排放总量前提下开展碳排放权交易试点工作的决定》第四条，处以二万元罚款（京环境监察罚字〔2019〕106号）。

2. 深圳某电子有限公司未按时足额履约且未按时提交碳排放核查报告

案情提要：2019年11月22日，深圳市生态环境局宝安管理局发现，深圳某电子有限公司应于2019年6月30日之前通过注册登记簿系统，提交与2018年实际碳排放量相等的配额或者核证自愿减排量，完成2018年碳排放履约义务。但是该公司一直未足额提交碳排放配额或者核证自愿减排量履约。

经深圳市生态环境局责令催缴后，直到2019年9月10日前，该单位仍未在注册登记簿系统上补交与2018年度实际碳排放量相等的配额或者核证自愿减排量。

另经核实，2019年5月30日，该单位未在规定时间内提交第三方核查机构核查的2018年碳排放报告，深圳市生态环境局根据《深圳市碳排放权交易管理暂行办法》有关规定，并依据该单位提交的经市统计部门核定的2018年统计指标数据，确定该单位2018年指定碳排放量为11 499 t。因该单位实际配额数量为0，故核定该单位超额排放量为11 499 t。另外，经与深圳排放权交易所核实，2019年1月1日—6月30日，深圳碳排放权交易市场配额平均价格为11.55元/t。另查明，深圳市中级人民法院于2018年11月20日作出受理申请人某电子有限公司对该单位的破产申请，该单位符合《深圳市碳排放权交易管理暂行办法》第二十五条的情形。

主要证据：《调查询问笔录》《建设项目环境影响审查批复》《深圳市发

展和改革委员会关于确定管控单位2018年目标碳强度的通知》《深圳市生态环境局关于催促提交2018年度碳排放核查报告的通知》《市生态环境局关于印发管控单位2018年实际碳配额数量和指定碳排放量的通知》《深圳市生态环境局关于责令补交2018年度碳排放配额的通知》《关于2019年1月1日至2019年6月30日深圳碳排放权交易市场配额平均价格的报告》《受理某电子有限公司被申请破产清算　民事裁定书》等。

处罚决定：依据《深圳市碳排放权交易管理暂行办法》第七十五条第二款"管控单位违反本办法第三十六条第二款的规定，未在迁出、解散或者破产清算之前完成履约义务的，由主管部门责令限期补交与超额排放量相等的配额；逾期未补交的，由主管部门从其登记账户中强制扣除，不足部分由管控单位继续补足，并处超额排放量乘以履约当月之前连续六个月碳排放权交易市场配额平均价格三倍的罚款"的规定，处以罚款人民币398 440.35元（深环宝罚字〔2020〕第040号）。

3. 深圳市某电路科技有限公司未按时足额履约

案情提要：2019年11月22日，深圳市生态环境局宝安管理局发现，深圳市某电路科技有限公司未在规定时间内提交足额配额或者核证自愿减排量履约。该公司为碳排放权交易管控单位，根据《深圳市碳排放权交易管理暂行办法》的规定，应于2019年6月30日之前通过注册登记簿系统提交与2018年实际碳排放量相等的配额或者核证自愿减排量，完成2018年碳排放履约义务。截至2019年6月30日，该单位未足额提交碳排放配额或者核证自愿减排量履约。经深圳市生态环境局责令催缴后，在2019年9月10日前仍未在注册登记簿系统上补交与该单位2018年度实际碳排放量相等的配额或者核证自愿减排量。

经核实，2019年5月30日，因该单位未在规定时间内提交第三方核查机构核查的2018年碳排放报告，深圳市生态环境局根据《深圳市碳排放权交易管理暂行办法》有关规定，并依据该单位提交的经市统计部门核定的2018年统计指标数据，确定该单位2018年指定碳排放量为7 195 t。因该单位实际配额数量为0，故核定该单位超额排放量为7 195 t。另外，经与深圳排放权交易所核实，2019年1月1日—6月30日，深圳碳排放权交易市场配额平均价格为11.55元/t。

主要证据：《调查询问笔录》《建设项目环境影响审查批复》《深圳市发展和改革委员会关于确定管控单位2018年目标碳强度的通知》《深圳市生态环境局关于催促提交2018年度碳排放核查报告的通知》《深圳市生态环境局关于印发管控单位2018年实际碳配额数量和指定碳排放量的通知》《深圳市生态环境局关于责令补交2018年度碳排放配额的通知》《关于2019年1月1日至2019年6月30日深圳碳排放权交易市场配额平均价格的报告》。

处理结果：依据《深圳市碳排放权交易管理暂行办法》第七十五条第一款，处以罚款人民币249 306.75元（深环宝罚字〔2020〕第041号）。

4. 深圳某电子科技有限公司未按时足额履行2018年度碳排放履约义务

案情提要：2020年3月20日，深圳市生态环境局坪山管理局认为深圳某电子科技有限公司未按时足额履行2018年度碳排放履约义务，违反了《深圳市碳排放权交易管理暂行办法》第三十六条第一款的规定，依据《深圳市碳排放权交易管理暂行办法》第七十五条第一款"未在规定时间内提交足额配额或者核证自愿减排量履约的，由主管部门责令限期补交与超额排放量相等的配额；逾期未补交的，由主管部门从其登记账户中强制扣除，不足部分由主管部门从其下一年度配额中直接扣除，并处超额排放量乘以履约当月之前连续六个月碳排放权交易市场配额平均价格三倍的罚款"作出处罚决定。

主要证据：企业法人营业执照、组织机构代码证、税务登记证复印件；《深圳市发展和改革委员会关于确定管控单位2018年目标碳强度的通知》《深圳市生态环境局关于催促提交2018年度碳排放核查报告的通知》《深圳市统计局关于提供管控单位统计指标数据的复函》《深圳市生态环境局关于印发管控单位2018年实际碳配额数量和指定碳排放量的通知》《深圳市生态环境局关于按时足额提交配额完成2018年度碳排放履约义务有关事宜的公告》《深圳市生态环境局关于公布未按时足额履行2018年度碳排放履约义务的碳交易管控单位名单及责令补交配额的公告》（《深圳商报》）、深圳排放权交易所《关于2019年1月1日至2019年6月30日深圳碳排放权交易市场配额平均价格的报告》；温室气体排放信息管理系统企业信息查询单、深圳市碳排放权注册登记簿系统深圳某电子科技有限公司限期责令补交2018年度碳排放配额情况查询表、深圳市碳排放注册登记簿系统深圳某电子科技有限公司2018年度履约情况查询表。

处理结果：依据《深圳市碳排放权交易管理暂行办法》①第七十五条第一款，处以罚款人民币564 102.00元（深坪环罚〔2020〕57号）。

5. 深圳市某电池科技有限公司未按时足额履行2018年度碳排放履约义务

案情提要：2020年3月20日，深圳市生态环境局坪山管理局认为深圳市某电池科技有限公司未按时足额履行2018年度碳排放履约义务，违反了《深圳市碳排放权交易管理暂行办法》第三十六条第一款的规定，依据《深圳市碳排放权交易管理暂行办法》第七十五条第一款"未在规定时间内提交足额配额或者核证自愿减排量履约的，由主管部门责令限期补交与超额排放量相等的配额；逾期未补交的，由主管部门从其登记账户中强制扣除，不足部分由主管部门从其下一年度配额中直接扣除，并处超额排放量乘以履约当月之前连续六个月碳排放权交易市场配额平均价格三倍的罚款"作出处罚决定。

主要证据：企业法人营业执照、组织机构代码证、税务登记证复印件；《深圳市发展和改革委员会关于确定管控单位2018年目标碳强度的通知》《深圳市统计局关于提供管控单位统计指标数据的复函》《深圳市生态环境局关于协助提供有关单位2018年度用电量的函》、深圳供电局《关于协助提供有关2018年度用电量的复函》《深圳市生态环境局关于催促提交2018年度碳排放

---

① 《深圳市碳排放权交易管理办法》已于2022年5月19日公布，自2022年7月1日起施行。2014年3月19日发布的《深圳市碳排放权交易管理暂行办法》同时废止。

核查报告的通知》《深圳市生态环境局关于印发管控单位2018年实际碳配额数量和指定碳排放量的通知》《深圳市生态环境局关于按时足额提交配额完成2018年度碳排放履约义务有关事宜的公告》、深圳排放权交易所《关于2019年1月1日至2019年6月30日深圳碳排放权交易市场配额平均价格的报告》；温室气体排放信息管理系统企业信息查询单、深圳市碳排放权注册登记簿系统深圳市某电池科技有限公司限期责令补交2018年度碳排放配额情况查询表、深圳市碳排放注册登记簿系统深圳市某电池科技有限公司2018年度履约情况查询表。

处理结果：依据《深圳市碳排放权交易管理暂行办法》第七十五条第一款，处以罚款人民币708 419.25元（深坪环罚字〔2020〕第58号）。

6.深圳某电池有限公司未按时足额履行2018年度碳排放履约义务

案情提要：2020年5月4日，深圳市生态环境局坪山管理局认为深圳某电池有限公司未在规定时间内足额提交2018年度配额或者核证自愿减排量履约。依据《深圳市碳排放权交易管理暂行办法》第七十五条第一款"未在规定时间内提交足额配额或者核证自愿减排量履约的，由主管部门责令限期补交与超额排放量相等的配额；逾期未补交的，由主管部门从其登记账户中强制扣除，不足部分由主管部门从其下一年度配额中直接扣除，并处超额排放量乘以履约当月之前连续六个月碳排放权交易市场配额平均价格三倍的罚款"作出处罚决定。

主要证据：企业法人营业执照、组织机构代码证、税务登记证复印件；《深圳市发展和改革委员会关于确定管控单位2018年目标碳强度的通知》《深圳市生态环境局关于催促提交2018年度碳排放核查报告的通知》《深圳市统计局关于提供管控单位统计指标数据的复函》《深圳市生态环境局关于印发管控单位2018年实际碳配额数量和指定碳排放量的通知》《深圳市生态环境局坪山管理局案件调查报告》《行政处罚事先告知书》、深圳排放权交易所《关于2019年1月1日至2019年6月30日深圳碳排放权交易市场配额平均价格的报告》；深圳市市场监督管理局商事主体登记及备案信息查询单（网上公开）、温室气体排放信息管理系统企业信息查询单、深圳市碳排放权注册登记簿系统深圳某电池有限公司限期责令补交2018年度碳排放配额情况查询表、深圳市碳排放注册登记簿系统深圳某电池有限公司2018年度履约情况查询表。

处理结果：依据《深圳市碳排放权交易管理暂行办法》第七十五条第一款，处以罚款人民币472 726元（深环坪山罚字〔2020〕第070号）。

7. 全国碳市场案例

全国碳市场第一个履约周期结束后，2022年初多地的生态环境部门对属地存在未按时足额清缴碳排放配额的违法违规行为的企业作出行政处罚决定，截至3月25日，共有21个处罚案例，涉及山西、黑龙江、河北、陕西、江苏、四川、辽宁、宁夏、山东等省份。

例如，2022年1月3日，江苏省苏州市生态环境局综合行政执法局对1家重点排放单位未按时足额清缴2019—2020年度碳排放配额的企业下达责令整改通知书，并予以立案查处；2022年1月4日，黑龙江省伊春市生态环境保护综合执法局对2家重点排放单位未按时清缴碳排放配额的违法行为立案调查，要求企业整改并已作出罚款2万元的行政处罚；2022年1月20日，山东省淄博市生态环境局对1家重点排放单位未按时足额清缴碳排放配额依法予以立案查处；2022年1月30日，山西省晋城市生态环境局对1家未在规定时限内缴清2019—2020年度的碳排放配额的违法行为立案查处，责令企业限期改正并作出罚款2.5万元的行政处罚。2022年1月28日，安徽省宿州市生态环境局对1家重点排放单位未按时足额清缴碳排放配额的违法行为立案查处，责令企业限期改正并作出罚款2万元的行政处罚。

综上所述，现有的碳交易违法行为主要有三类，一是重点排放单位未在规定的时间内履约；二是未在规定的时间内提交经第三方核查的报告；三是虚报、瞒报碳排放报告。其中第一种，即重点排放单位未在规定时间内履约的情形占绝大多数。

（二）技术服务机构

内蒙古生态环境厅于2021年11月17日发布《内蒙古自治区生态环境厅关于中碳能投科技（北京）有限公司伪造企业煤样检测报告的通报》，对中碳能投科技（北京）有限公司在为重点排放单位提供碳管理咨询服务，协助编制年度碳排放报告的过程中存在的伪造检测报告的行为进行公开曝光，并纳入内蒙古自治区社会信用信息平台，实施信用惩戒。该案例为已公开的全国碳市场首例碳排放数据造假案件。

生态环境部于2022年3月14日发布中碳能投等机构碳排放报告数据弄虚作假等典型问题案例（2022年第一批突出环境问题），对中碳能投科技（北京）有限公司篡改伪造检测报告、授意指导制作虚假煤样等弄虚作假问题，北京中创碳投科技有限公司核查履职不到位、核查工作走过场问题，青岛希诺新能源有限公司核查程序不合规、核查结论明显失实问题，辽宁省东煤测试分析研究院有限责任公司涉嫌编造虚假检测报告问题进行公开曝光。本次公开曝光共涉及1家咨询技术服务机构、2家核查技术服务机构和1家检测技术服务机构。

综上所述，现有的技术服务机构违法行为，案源主要来自举报和现场检查。截至目前，上述机构违法行为仍处于查办阶段，详细案件分析需待案件结果公布后开展。

三、可能发生的违法违规情形分析

《碳排放权交易管理暂行条例》虽然尚未正式发布实施，但就草案修改稿来看，体现出了更高更严的管理思路和监管执法要求。因此，将《碳排放权交易管理暂行条例（草案修改稿）》和《碳排放权交易管理办法（试行）》结合现有执法案例一并开展分析，明晰全国碳市场各类参与主体的违法违规情形，可为今后碳交易执法工作提供参考。

本节基于当前国家、地方两级碳市场的运行监管情况，共总结归纳出11类可能存在的违法情形，逐一说明各类情形对应的国家层面罚则规定、线索来源以及支撑证据，基本可以涵盖碳交易全流程、全部参与主体。在地方碳市场监管中，可依据地方立法开展监管执法。

（一）重点排放单位违反按时报告义务

违反按时报告的义务，即到期不提交报告，或者拒绝履行温室气体排放报告义务。

责任条款：违反按时报告义务的，现行有效的《碳排放权交易管理办法（试行）》第三十九条仅对拒绝履行报告义务的情况规定了法律责任，由生产经营场所所在地设区的市级以上地方生态环境主管部门责令限期改正，处一万元以上三万元以下的罚款。逾期未改正的，由重点排放单位生产经营场所所在地的省级生态环境主管部门测算其温室气体实际排放量，并将该排放量作为碳排放配额清缴的依据；对虚报、瞒报部分，等量核减其下一年度碳排放配额。《碳排放权交易管理暂行条例（草案修改稿）》第二十四条，增加了未按时报告义务中的到期不提交报告的内容，并且提高了处罚额度，由生产经营场所所在地设区的县级以上地方生态环境主管部门责令改正，处五万元以上二十万元以下的罚款；逾期未改正的，由重点排放单位生产经营场所所在地省级生态环境主管部门组织测算其温室气体实际排放量，作为该单位碳排放配额的清缴依据。可见，《碳排放权交易管理暂行条例（草案修改稿）》中规定的法律责任更为具体和严格。加之其为上位法，一经正式出台，应优先适用，在此情况下对重点排放单位的处罚金额将提高5～6倍。

线索来源：业务部门移送，或者报告系统自动推送到执法系统。

支撑证据：每年3月31日前是法定的报告期限，只要该日期届满，而系统尚未显示该重点排放单位的报告，就可以启动相关调查取证工作。支撑证据主要包括但不限于：①重点排放单位名录；②报告日期届满而未报告的客观证据；③询问笔录等可与客观证据相互印证的其他证据。

（二）重点排放单位违反足额清缴的义务

违反足额清缴义务，即在规定的履约期限届满时，当年的实际碳排放量大于配额持有量，视为未足额清缴。

责任条款：《碳排放权交易管理办法（试行）》第四十条规定，由其生产经营场所所在地设区的市级以上地方生态环境主管部门责令限期改正，处二万元以上三万元以下的罚款；逾期未改正的，对欠缴部分，由重点排放单位生产经营场所所在地的省级生态环境主管部门等量核减其下一年度碳排放配额。《碳排放权交易管理暂行条例（草案修改稿）》第二十四条规定，由其生产经营场所所在地设区的市级以上地方生态环境主管部门责令改正，处十万元以上五十万元以下的罚款；逾期未改正的，由分配排放配额的省级生态环境主管部门在分配下一年度碳排放配额时，等量核减未足额清缴部分。

线索来源：业务部门移送。

支撑证据：履约日期届满，而交易机构的系统上显示仍未履约，就可以启动相关调查取证工作。支撑证据主要包括但不限于：①重点排放单位名录；②履约通知（有明确的履约日期）；③届满而未履约的告知函；④配额与实际排放量确实存在差额的客观证据；⑤询问笔录等可与客观证据相互印证的其他证据。

（三）重点排放单位违反如实报告义务

违反如实报告的义务，即虚报、瞒报温室气体排放报告；篡改、伪造排放数据或者台账记录等温室气体排放报告重要内容的。

责任条款：《碳排放权交易管理办法（试行）》第三十九条对虚报、瞒报温室气体排放报告的情况作出规定，与未按时报告义务的责任相同，由生产经营场所所在地设区的市级以上地方生态环境主管部门责令限期改正，处一万元以上三万元以下的罚款；逾期未改正的，由重点排放单位生产经营场所所在地的省级生态环境主管部门测算其温室气体实际排放量，并将该排放量作为碳排放配额清缴的依据；对虚报、瞒报部分，等量核减其下一年度碳排放配额。《碳排放权交易管理暂行条例（草案修改稿）》第二十四条，增加了篡改、伪造排放数据和台账记录的内容，提高了罚则，规定由生产经营场所所在地设区的县级以上地方生态环境主管部门责令改正，处五万元以上二十万元以下的罚款；逾期未改正的，由重点排放单位生产经营场所所在地省级生态环境主管部门组织测算其温室气体实际排放量，作为该单位碳排放配额的清缴依据。

线索来源：检查发现或投诉举报。

支撑证据：①重点排放单位名录；②重点排放单位年度温室气体排放报告；③虚报、瞒报温室气体排放报告或篡改、伪造排放数据或者台账记录等温室气体排放报告重要内容的客观证据，包括但不限于燃料购销存相关原始凭证，采样、制样、检测等原始记录或检测报告，生产报表或运营管理台账，财务结算相关凭证或财务报表等；④询问笔录等可与客观证据相互印证的其他证据。

（四）重点排放单位违反如实记录义务

违反如实记录的义务，即报告所涉数据的原始记录和管理台账内容不真实、不完整。

责任条款：《碳排放权交易管理办法（试行）》对此情形未给出具体规定；《碳排放权交易管理暂行条例（草案修改稿）》第二十四条，增加了未如实记录义务的法律责任规定，规定由生产经营场所所在地设区的县级以上地方生态环境主管部门责令改正，处五万元以上二十万元以下的罚款；逾期未改正的，由重点排放单位生产经营场所所在地省级生态环境主管部门组织测算其温室气体实际排放量，作为该单位碳排放配额的清缴依据。

线索来源：这一情形通常与未如实报告的情形相关联，可在报告核查、日常监管与执法、专项监督检查等阶段被发现，主要来源可能为检查发现或投诉举报。

支撑证据：①重点排放单位名录；②重点排放单位年度温室气体排放报告；③报告所涉数据的原始记录和管理台账内容不真实、不完整的客观证据，包括但不限于燃料购销存相关原始凭证，采样、制样、检测等原始记录或检测报告，生产报表或运营管理台账，财务结算相关凭证或财务报表等；④询问笔录等可与客观证据相互印证的其他证据。

本情形与情形三"未如实报告"相同，取证难度较高，特别是对于电子数据等客观证据，要全面、客观、及时地收集和提取，并经被调查询问人签字确认，且通过询问笔录再次确认（需重点排放单位出具授权委托书或在证据文件上盖章）；可根据需要采取扣押、封存原始储存介质等措施。

（五）重点排放单位违反保存义务

违反保存记录的义务，即温室气体排放报告所涉数据的原始记录和管理台账未保存五年。

责任条款：《碳排放权交易管理办法（试行）》和《碳排放权交易管理暂行条例（草案修改稿）》均未规定相应的罚则。但依据《排污许可管理条例》第三十六条规定，未按照排污许可证规定保存原始监测记录，责令改正，处2万元以上20万元以下的罚款；拒不改正的，责令停产整治。特别需要说明的是，只有在温室气体排放报告所涉数据与排污许可证规定记录的数据重合时，才可依据《排污许可管理条例》第三十六条作出处罚，具体到发电企业，就是燃煤消耗量数据和记录台账。

线索来源：检查发现或投诉举报。

支撑证据：①重点排放单位名录；②重点排放单位未按时限等要求保存数据原始记录和管理台账等行为的客观证据；③询问笔录等可与客观证据相互印

证的其他证据。

（六）核查技术服务机构存在违规核查行为

核查技术服务机构存在违规核查行为，即由省级生态环境主管部门委托的技术服务机构，在核查重点排放单位提交的温室气体排放报告时，存在弄虚作假、程序不合规、履职不到位等行为，导致核查结论失实。

责任条款：《碳排放权交易管理办法（试行）》未规定相应罚则，但是《碳排放权交易管理暂行条例（草案修改稿）》第二十六条规定，由省级生态环境部门解除委托关系，将相关信息计入其信用记录，同时纳入全国信用信息共享平台向社会公布；情节严重的，三年内禁止其从事温室气体排放核查技术服务。

线索来源：核查技术服务机构年度评估，检查发现或投诉举报。

支撑证据：这种情形通常伴随着情形三"未如实报告"和情形四"未如实记录"前后发生，因此，在收集上述两种情形支撑证据的基础上，同时还需增加核查技术服务机构弄虚作假的客观证据。建议考虑结合《企业温室气体排放报告核查指南（试行）》要求取证，包括但不限于核查程序不符合规定、核查报告与重点排放单位实际碳排放情况不符、违反开展禁止事项；现场核查时未对相关材料原始凭证的真实性进行查证，而事实上存在提交材料与原始凭证不符的情况。这种情形的难点在于，如何界定核查技术服务机构违法违规行为是否具有主观性，在调查取证过程中，可从"人、钱、物"三个要素出发，充分开展对重点排放单位和核查技术机构的调查询问。

此外，可根据实际情况判断是否需要与其他行政机关协同合作，必要时可开展联合执法；明确具体违法行为、对违法行为负有监管责任的主体及监管范围，并根据法律规定的构成要件搜集证据。

（七）主管部门、机构及其工作人员存在违法参与碳交易的行为

主管部门、机构及其工作人员存在违法参与碳交易的行为，即各级生态环

境主管部门、全国碳排放权注册登记机构、全国碳排放权交易机构、核查技术服务机构及其工作人员，违法违规持有、买卖碳排放配额；或对已持有碳排放配额的，未依法予以转让。

责任条款：对于全国碳排放权注册登记机构、全国碳排放权交易机构及其工作人员，存在《碳排放权交易管理办法（试行）》第三十八条规定的"利用职务便利谋取不正当利益的"行为的，由生态环境部依法给予处分，并向社会公开处理结果；《碳排放权交易管理暂行条例（草案修改稿）》第二十八条规定，由国务院生态环境主管部门注销其持有的碳排放配额，没收违法所得，并对单位处一百万元以上一千万元以下的罚款，对个人处五十万元以上五百万元以下的罚款。

对于核查技术服务机构及其工作人员，《碳排放权交易管理办法（试行）》未规定罚则；《碳排放权交易管理暂行条例（草案修改稿）》第二十八条规定，由国务院生态环境主管部门注销其持有的碳排放配额，没收违法所得，并对单位处一百万元以上一千万元以下的罚款，对个人处五十万元以上五百万元以下的罚款。

线索来源：投诉举报、业务部门移送或检查发现。

这种情形通常较为隐蔽，多以关联公司或者其工作人员亲友的名义注册开户，以实际控制的方式进行操作，通过现场检查较难发现，投诉举报为主要发现途径。

支撑证据：①涉案主体的身份证明，包括但不限于企业法人营业执照、组织机构代码证、税务登记证、劳动合同、工资发放记录等；②实际参与碳交易的证据，包括但不限于开户材料、交易记录、指使或授意等表明实际控制的相关材料；③询问笔录等可与客观证据相互印证的其他证据。

（八）各类参与主体利用职务便利谋取不正当利益、滥用职权、玩忽职守、徇私舞弊行为

各类参与主体主要是指各级生态环境主管部门、全国碳排放权注册登记机构、全国碳排放权交易机构的工作人员。

责任条款：对于各级生态环境主管部门的国家公职人员，在行使行政职权或履行职责的过程中，违反相关法律法规，存在滥用职权、玩忽职守、徇私舞弊等行为的，《碳排放权交易管理办法（试行）》第三十七条和《碳排放权交易管理暂行条例（草案修改稿）》第二十三条均作出了规定，由其上级行政机关或者监察机关责令改正，并依法给予处分。

对于全国碳排放权注册登记机构、全国碳排放权交易机构的工作人员，《碳排放权交易管理办法（试行）》第三十八条规定，由生态环境部依法给予处分，并向社会公开处理结果。

这一类情形需要结合实际情况判断，如依据《碳排放权交易管理规则（试行）》第三十三条："全国碳排放权交易活动中，涉及交易经营、财务或者对碳排放配额市场价格有影响的尚未公开的信息及其他相关信息内容，属于内幕信息。禁止内幕信息的知情人、非法获取内幕信息的人员利用内幕信息从事全国碳排放权交易活动。"若注册登记机构工作人员进行内幕交易，则可能被认定属于"利用职务便利谋取不正当利益"的情形，依据现行有效的《碳排放权交易管理办法（试行）》第三十八条，由生态环境部依法给予处分，并向社会公开处理结果。

线索来源：举报投诉或检查发现。

支撑证据：①涉案主体的身份证明，包括但不限于劳动合同、工资发放记录等；②谋取不正当利益、滥用职权、玩忽职守、徇私舞弊的证据，包括但不限于开户材料、泄露内幕信息、金钱往来交易记录、违反法定职责的客观证据；③询问笔录等可与客观证据相互印证的其他证据。这种情形较为隐蔽，且违法行为涉及的具体表现形式多样，可根据实际违法行为予以补充。

（九）各类参与主体抗拒监督检查的行为

各类参与主体抗拒监督检查的行为，即拒绝、阻挠监督检查，或者在接受监督检查时弄虚作假，如在接受检查时无正当理由不予配合、拖延、阻碍等行为。各类参与主体主要是全国碳排放权交易主体、全国碳排放权注册登记机构、全国碳排放权交易机构、核查技术服务机构。

责任条款：《碳排放权交易管理办法（试行）》未给出罚则；《碳排放权交易管理暂行条例（草案修改稿）》第二十九条规定，由设区的市级以上生态环境主管部门或者其他负有监督管理职责的部门责令改正，处二万元以上二十万元以下的罚款。

线索来源：检查发现或举报投诉。

支撑证据：①抗拒监督检查的客观证据，通过执法记录仪录像或照片即可固定拒绝、阻挠监督检查的证据。对于现场提供虚假材料的行为，可将真伪材料比对结果作为证据。②询问笔录等可与客观证据相互印证的其他证据。

（十）操纵交易市场的违法情形

操纵交易市场的情形，即任何单位和个人通过欺诈、恶意串通、散布虚假信息等方式操纵碳排放权交易市场。

责任条款：《碳排放权交易管理暂行条例（草案修改稿）》第二十七条规定，由国务院生态环境主管部门责令改正，没收违法所得，并处一百万元以上一千万元以下的罚款。单位操纵碳排放权交易市场的，还应当对其直接负责的主管人员和其他直接责任人员处五十万元以上五百万元以下的罚款。

对于个人散布谣言或虚假信息，扰乱公共秩序的，可依据《治安管理处罚法》相关规定处理；如果在公共场所起哄闹事，严重破坏社会秩序的，可按照涉嫌寻衅滋事罪移送公安机关查办。

线索来源：投诉举报或业务部门移送。

支撑证据：这种情形难以发现，同时溯源、取证、固证及存证较难。参考中国证券监督管理委员会的处罚案例，支撑的证据可能包括但不限于：①银行账户资料、相关关联账户交易流水、电脑硬件信息、交易记录、交易所计算数据等；②询问笔录等可与客观证据相互印证的其他证据。

（十一）泄露商业秘密的违法情形

泄露商业秘密的违法情形可能包括两种具体情形：①全国碳排放权注册登记机构、全国碳排放权交易机构及其工作人员泄露有关商业秘密的违法行为；②交易系统软硬件服务提供者等全国碳排放权交易或者服务参与、介入相关主体泄露全国碳排放权交易或者服务中获取的商业秘密的违法行为。

责任条款：《碳排放权交易管理办法（试行）》第三十八条第二款规定，对于全国碳排放权注册登记机构、全国碳排放权交易机构及其工作人员，依照其他有关规定处理；对于交易系统软硬件服务提供者等全国碳排放权交易或者服务参与、介入相关主体，《碳排放权交易管理规则（试行）》细化了违法情形，但未规定相应罚则。此外，除国家和地方的碳市场相关法律法规以外，上述情形可依据其他法律规定予以处罚或者移送公安机关处理，如《反不正当竞争法》第九条和第二十一条[①]"侵犯商业秘密"的义务和责任条款。

---

① 《反不正当竞争法》第九条：经营者不得实施下列侵犯商业秘密的行为：（一）以盗窃、贿赂、欺诈、胁迫、电子侵入或者其他不正当手段获取权利人的商业秘密；（二）披露、使用或者允许他人使用以前项手段获取的权利人的商业秘密；（三）违反保密义务或者违反权利人有关保守商业秘密的要求，披露、使用或者允许他人使用其所掌握的商业秘密；（四）教唆、引诱、帮助他人违反保密义务或者违反权利人有关保守商业秘密的要求，获取、披露、使用或者允许他人使用权利人的商业秘密。经营者以外的其他自然人、法人和非法人组织实施前款所列违法行为的，视为侵犯商业秘密。第三人明知或者应知商业秘密权利人的员工、前员工或者其他单位、个人实施本条第一款所列违法行为，仍获取、披露、使用或者允许他人使用该商业秘密的，视为侵犯商业秘密。本法所称的商业秘密，是指不为公众所知悉、具有商业价值并经权利人采取相应保密措施的技术信息、经营信息等商业信息。
第二十一条：经营者以及其他自然人、法人和非法人组织违反本法第九条规定侵犯商业秘密的，由监督检查部门责令停止违法行为，没收违法所得，处十万元以上一百万元以下的罚款；情节严重的，处五十万元以上五百万元以下的罚款。

线索来源：检查发现或投诉举报。

支撑证据：可根据实际情况判断是否需要与其他行政机关协同合作，必要时可开展联合执法；明确具体违法行为、对违法行为负有监管责任的主体及监管范围，并根据法律规定的构成要件搜集证据。

第五章

碳交易执法潜在疑难问题

由于碳排放权交易是一项新生事物，在全国碳市场运行以及日常监管执法中，碳交易监管执法从业人员难免对碳交易制度体系、衔接机制、监管执法方式、违法情形认定、适用罚则等存在着一些疑问。本章收集整理了共性问题，逐一展开分析。

一、碳排放监管执法与大气污染排放监管执法的区别

有别于大气常规污染物，碳排放的监管执法具有其特殊性。为更好地帮助从业人员了解和掌握，本节从以下几个方面加以阐述。

（一）监管要求

对大气污染物的排放开展监管执法，能带来大气污染物减排的直接效果，最终实现生态环境质量改善。而对碳交易开展监管执法，目标在于保障和促进碳市场的健康有效运行，并通过碳排放强度和总量"双控"、碳交易制度的健全完善等法律政策手段共同促进温室气体减排目标的实现，因而现阶段碳市场的监管核心应聚焦于碳排放报告数据质量。

（二）排放数据

固定源大气污染物排放数据主要来自监测，企业应按照《大气污染防治法》等法律法规以及《排污单位自行监测技术指南 总则》等技术规范的要求建立并实施监测。就管控思路而言，按照排污许可管理要求，排污单位的主要排放口要求浓度限值和排放量"双管控"，一般排放口仅要求浓度限值，排放口在线监测必须满足相关的强制性排放标准要求。与之不同的是，碳排放数

据主要来自核算，重点排放单位应区分行业类别，按生态环境部的要求，依据所属的行业企业温室气体排放核算方法与报告指南对上一年度碳排放量进行核算，并按时提交年度排放报告。碳排放核算不仅关注直接排放，也关注间接排放。以发电行业为例，碳排放量核算既包括化石燃料燃烧直接产生的碳排放，也包括购入电力使用间接产生的碳排放。碳排放量的核算报告质量取决于化石燃料消耗量、低位发热量、元素碳含量等活动数据和排放因子的监测数据质量，因而在企业温室气体排放核算方法与报告指南中要求重点排放单位制订数据质量控制计划，对其提出了明确的监测要求。

（三）管理台账

对于固定源大气污染物排放，排污单位应当按照《排污许可证管理条例》规定，建立环境管理台账记录制度，按照排污许可证规定的格式、内容和频次，如实记录主要生产设施、污染防治设施运行情况以及污染物排放浓度、排放量。环境管理台账内容应符合《排污单位环境管理台账及排污许可证执行报告技术规范》要求，包括基本信息、生产设施运行管理信息、污染防治设施运行管理信息、监测记录信息及其他环境管理信息等。对于碳排放，重点排放单位应当按照所属的行业企业温室气体排放核算方法与报告指南要求，制订数据质量控制计划，明确全过程的数据质量管理要求，并建立温室气体数据内部台账管理制度，明确数据来源、数据获取时间及填报台账的相关责任人等信息。

不同行业企业管理台账存在差异性，在此仅以燃煤发电重点排放单位为例，对重点排放单位应存证的管理台账进行说明。管理台账内容应包括但不限于基本信息（名称、统一社会信用代码、排污许可证编号）、生产设施运行管理信息（每台机组的燃料类型、燃料名称、机组类型、装机容量，以及锅炉、汽轮机、发电机、燃气轮机等主要生产设施的名称、编号、型号等相关信息）、化石燃料消耗量、煤质分析、供电量、供热量、外购使用电力等信息，相较于燃煤电厂的排污许可环境管理台账，除基本信息和生产设施运行管理信息以外，其他信息内容不重合，需另外采集并记录。

（四）证据材料

前期碳交易执法案例多为未按期履约，因而碳交易执法相较于大气污染物排放执法，案件线索相对单一，多为业务部门转交；支撑证据也多为书面证据，主要包括：①环评审批文件，用以证明案涉项目的生产规模、生产设施、燃料、原辅料及部分温室气体种类和预估排放情况；②重点排放单位清单，用以证明处罚对象已纳入名录范畴；③重点排放单位碳排放配额书面通知文件，用以证明处罚对象碳排放配额总量；④地方生态环境部门关于催促处罚对象提交排放报告或配额清缴的文件，用以证明已通知处罚对象限期改正；⑤业务主管部门关于处罚对象实际碳排放量核算的文件以及责令限期补交的文件，用以证明处罚对象存在超出碳排放配额的排放行为且未在规定的期限内补交；⑥当地碳交易所出具的碳市场某一时期平均价格的书面说明，用以作为计算处罚数额的依据；⑦询问笔录，用以佐证违法行为客观存在。作为大气污染物排放领域常见的"现场勘察笔录"在前期执法中较少出现。

随着国家对碳排放数据质量监管力度的不断加大，特别是自2021年10月以来，生态环境部首次组织开展了发电行业碳排放报告数据质量专项监督帮扶，地方生态环境部门能力和水平进一步加强，越来越多的实物证据出现在对碳交易违法违规行为的处罚证据材料中。

二、碳排放计算数据与直接测量数据的关系

国际上常用的三种碳排放量获取方法为排放因子法、物料守恒法和在线监测法，其中前两者都是通过计算得出排放量，后者则为直接测量数据。目前，我国碳核算、碳核查工作中均采用的是通过排放因子法得出的数据，欧盟对于

计算数据和直接测量数据都有应用实践，美国则更多地倾向于直接测量。了解碳排放计算数据与直接测量数据之间的关系和当前的形势与政策要求，解决地方执法人员关于碳排放计算数据与直接测量数据的困惑，对于切实做好监管执法十分必要。

（一）国际上碳排放量核算方法应用

欧盟碳交易体系（EU ETS）采用的监测方法包括计算法和利用CEMS开展直接测量，欧盟通过规定各类数据应满足的数据层级要求，确保两种方法具有可比的数据质量[①]。德国联邦环境署（UBA）下属的德国排放交易管理局（German Emissions Trading Authority, DEHSt）基于德国CO_2排放的现状及特点，详细对比分析了连续监测方法和核算方法的优缺点，最终指出两种方法都可以提供高质量的可比的数据监测，排放量的数据质量取决于两种方法各自标准规范的要求、标准规范执行的严格程度以及持续质量保证措施的实施情况，而不取决于究竟采用哪种方法[②]。从世界主要碳交易体系的通行做法来看，计算得出的碳排放量和直接测量结果具有等效性。

（二）国内碳排放量核算方法实践

从全国温室气体排放核算方法与报告指南发布情况来看，2013—2015年，国家发展改革委发布了三批涵盖24个主要行业的温室气体排放核算方法与报告指南，其中温室气体排放量的确定均采用计算方法，而非连续监测法，该要求一直沿用至今。生态环境部于2022年3月10日发布的《关于做好2022年企业温室气体排放报告管理相关重点工作的通知》，明确继续采用计算方法核算2022年度重点排放单位碳排放量，将化石燃料燃烧直接排放的碳排放量和购入

---

① 李鹏，吴文昊，郭伟.连续监测方法在全国碳市场应用的挑战与对策［J］.环境经济研究，2021（1）：77-92.

② Holger Göttel, Burkhard Lenzen, Christian Schneider. Application of continuous emissions measurement systems (CEMS) for the determination of CO_2 emissions，2019.

电力使用间接排放的碳排放量之和作为重点排放单位年度碳排放量。生态环境部一直在加快推进重点排放行业温室气体排放核算指南纳入环境标准体系，届时将进一步提高监管执法依据。

从地方其他重点排放行业温室气体核算指南发布情况来看，北京市、上海市、广东省、湖北省和深圳市等地区均采用计算方法核算年度碳排放量。虽然一些地区也在温室气体核算指南中提出，允许使用直接测量方法来确定温室气体排放量，但并未对重点排放单位安装碳排放在线监测设备作出强制要求。从当前国内各地区做法来看，主要采用计算方法核算碳排放量。

（三）在线监测是碳排放量核算的辅助手段

2021年1月，生态环境部印发《关于统筹和加强应对气候变化与生态环境保护相关工作的指导意见》（环综合〔2021〕4号），明确提出"加强温室气体监测，逐步纳入生态环境监测体系统筹实施"的要求。2021年9月，生态环境部发布《碳监测评估试点工作方案》，启动了重点行业、城市、区域三个层面的碳监测评估试点工作，明确了重点行业企业直接测量为碳核算的重要支撑、校核和辅助手段，构建企业碳排放在线监测体系可为提升碳核算的科学性和可行性提供支撑。2021年12月31日国务院印发《计量发展规划（2021—2035年）》，提出为支撑碳达峰碳中和目标实现，要完善温室气体排放计量监测体系，加强碳排放关键计量测试技术研究和应用，健全碳计量标准装置，为温室气体排放可测量、可报告、可核查提供计量支撑。建立碳排放计量审查制度，强化重点排放单位的碳计量要求。

火力发电企业碳排放在线监测起步较早，在"十二五""十三五"期间，大型电力集团开始建立节能减排实时监控体系，成为碳排放在线监测的前身。中国标准化协会团体标准《火力发电企业二氧化碳排放在线监测技术要求》（T/CAS 454—2020）于2020年11月30日发布，填补了我国碳排放在线监测方面相关标准的空白。目前，福建省、江苏省、湖北省、浙江省等地区均有碳排放在线监测实践。由此可见，从国家、地方、团体、企业等多个层面，均对碳排放在线监测体系建设进行了有益探索，积极推进碳排放监测与评估能力提升，使得国家关于直接排放监测数据作为碳核算的重要支撑、校核和辅助手段政策要求落地实施，为完善碳排放监管执法提供支撑。在现阶段，碳排放核算中直接测量数据是计算数据的辅助手段。

三、碳排放报告数据质量问题的认定

碳排放报告的核心是数据质量。企业碳排放数据质量是全国碳排放管理以及碳市场健康发展的重要基础，是维护市场信用信心和国家政策公信力的底线和生命线。2021年10月23日，生态环境部印发了《关于做好全国碳排放权交易市场数据质量监督管理相关工作的通知》（环办气候函〔2021〕491号），要求各级生态环境主管部门对本行政区域内重点排放单位2019年度和2020年度的排放报告和核查报告组织进行全面自查。同期，生态环境部还组织开展了全国碳排放报告质量专项监督帮扶工作，重点对5个省份10个重点城市的264家发电行业重点排放单位开展碳排放报告质量核查监督。

根据《碳排放权交易管理暂行条例（草案修改稿）》第二十四条规定，重点排放单位碳排放报告数据质量问题可能涉及两类情形：一是"所涉数据的原始记录和管理台账内容不真实、不完整"；二是"篡改、伪造排放数据或者台账记录等"。由于目前碳排放数据来自于计算，有别于大气污染排放监管执法，现阶段尚不能采用在线监测数据直接判别碳排放数据质量，而是需要生态环境主管部门通过"双随机、一公开"的方式对发电行业重点排放单位开展日常监管与执法。那么，如何认定碳排放数据质量问题的行为以及需要哪些证据证明，都是值得讨论的问题。

（一）核算边界问题

不同核算目的确定的核算边界不同，针对全国碳市场，重点排放单位的核算边界就是核算碳排放量的范围。《企业温室气体排放核算方法与报告指南　发电设施（2022年修订版）》已经明确将核算边界确定为发电设施层面，而非企业。核算和报告的范围包括发电设施化石燃料燃烧直接排放的二氧化碳和购入使用电力间接排放的二氧化碳。对于只消耗化石燃料的发电机组，化石燃料燃烧的排放包括发电锅炉（含启动锅炉）、燃气轮机等主要生产系统消耗的化石燃料燃烧产生的二氧化碳排放，以及脱硫脱硝等装置使用化石燃料加热烟气的二氧化碳排放，不包括应急柴油发电机组、移动源、食堂等其他设施消耗化石燃料产生的排放。对于掺烧化石燃料的生物质发电机组、垃圾（含污泥）焚烧发电机组等，仅统计燃料中化石燃料的二氧化碳排放。相较于国家发展和改革委员会早期发布的《中国发电企业　温室气体排放核算方法与报告指南（试行）》将核算边界确定为发电企业，生态环境部将核算边界调整为发电设施，可有效避免重复或者漏算碳排放源。实际上，重点排放单位有可能发生的违规情形主要有两类：一是通过扩大核算边界获取更多免费配额，如将其他法人企业发电设施纳入本重点排放单位核算边界；二是瞒报本单位发电设施，缩小核算和报告的范围，从而降低履约成本。

（二）参数确定问题

《企业温室气体排放核算方法与报告指南　发电设施（2022年修订版）》规定的计算公式主要涉及化石燃料的消耗量、低位发热量、单位热值含碳量、碳氧化率以及二氧化碳与碳的相对分子质量之比5个数据。除二氧化碳与碳的相对分子质量之比、碳氧化率取固定值以外，其余3个参数优先取实际测量值，并对数据获取优先序进行了明确规定。单位热值含碳量和低位发热量无实测时可取缺省值。从实际情况来看，以缺省值算出来的碳排放量一般要比以实测值算出来的高。由此可见，重点排放单位出于降低履约成本的目的时，采用实测方法将更为有利。重点排放单位的违规行为也多出现在以上3个实测参数中。2021年7月，多家媒体报道了某重点排放单位通过篡改元素碳含量检测报告中关键信息等方式，虚报碳排放量的违规行为。2022年3月14日，生态环境部公开通报4家技术服务机构碳排放报告数据弄虚作假等典型问题。这些问题反映出，重点排放单位碳排放报告数据质量管理能力仍需提高，技术服务机构的业务行为仍需规范。这将是今后碳排放监管执法的难点和挑战。

（三）证据认定问题

在大气污染物排放的监管执法中，利用在线监测、现场执法监测等手段实时发现企业异常行为已成为较为普遍的执法方式，有效的监测报告或者电子数据是主要证据材料。与之不同的是，在碳交易监管执法中，执法人员虽然可通过书面审查发现一些问题，如重点排放单位年度碳排放报告与相关参数记录或台账、检测报告等支撑材料的一致性，从而初步判断碳排放报告是否存在数据质量问题，但对于涉及核算边界和排放源、碳排放参数的数据来源与原始记录真实性认定等问题，仍需通过现场检查的方式来进一步确定重点排放单位是否存在违规行为。由此可见，碳排放监管执法难以通过即时、现场抽样等方式取证、固证，存在一定的特殊性。对于通过书面审查、信访举报、现场检查等方式，掌握一定线索的检测报告疑似造假问题，可先通过市场监督管理总局的网站查询检测报告和辨别真伪，也可要求检测机构配合检查，必要时还可与市场监督管理部门联合执法，对检测报告的真实性进行进一步检查。

四、利用"双随机、一公开"开展碳排放执法

依据《碳排放权交易管理办法（试行）》第三十一条："设区的市级以上地方生态环境主管部门根据对重点排放单位温室气体排放报告的核查结果，

确定监督检查重点和频次。设区的市级以上地方生态环境主管部门应当采取'双随机、一公开'的方式，监督检查重点排放单位温室气体排放和碳排放配额清缴情况，相关情况按程序报生态环境部。"2021年6月28日，生态环境部印发《关于进一步加强生态环境"双随机、一公开"监管工作的指导意见》（环办执法〔2021〕18号），将碳排放情况纳入"双随机、一公开"监管工作中，要求除了投诉举报、上级部门转办交办、其他部门移送案件、突发环境事件、核安全检查、数据分析或监测发现问题线索等需要对具体被检查对象实施的针对性检查，其他生态环境领域的计划性检查，包括日常监督管理检查、监管执法检查、专项检查和部门联合检查等活动，均要采取随机抽查方式。由此可见，碳排放的监管执法中除投诉举报、上级部门转办交办、其他部门移送案件、数据分析或监测发现问题线索等需要对具体被检查对象实施的针对性检查以外，企业碳排放情况检查应当采用"双随机、一公开"的方式。以下将针对碳排放的单位情况，对"双随机、一公开"监管执法情况进行阐述。

（一）书面检查

在对重点排放单位碳排放情况开展书面检查时，可不局限于环境信息平台上报的碳排放信息，还可结合既有的环境影响评价文件、排污许可证等信息进行综合检查。以发电行业为例，可通过查阅企业发电设施审批文件、台账记录情况、排污许可执行报告情况（重点排放单位填报执行报告的数据表单主要包括企业基本生产情况、燃料使用情况、产能规模等；其燃料类型均从许可证中信息直接带入）等，检查企业是否存在未批先建项目（新建、改建、扩建）获取免费配额、发电设施装机容量与实际建设不符、化石燃料消耗量与排污许可执行报告中燃料使用情况不符等问题。

（二）现场检查

一是可查阅、复制有关文件资料，包括原辅料使用记录和台账等。

二是核实重点排放单位生产经营变化情况，以发电行业为例，按照《企业温室气体排放核算方法与报告指南 发电设施（2022年修订版）》要求，生产经营变化情况至少包括：①重点排放单位合并、分立、关停或搬迁情况；②发电设施地理边界变化情况；③主要生产运营系统关停或新增项目生产等情况；④较上一年度变化，包括核算边界、排放源等变化情况。

三是识别碳源及其类别；各个碳源流的活动水平数据。

四是排放因子计算参数数据；检查台账记录情况。

结合以上发现的有关问题，开展现场询问。通过书面检查与现场检查结果比对，可进一步核实企业是否存在数据记录或台账不真实、不完整以及篡改、伪造碳排放数据或台账的违规行为。

五、操纵碳市场的违法情形探讨

《碳排放权交易管理暂行条例（草案修改稿）》第十八条提出了操纵碳市场的违法违规行为，同时，在第二十七条给出了对应罚则。从目前全国碳市场的建设和运行情况来看，由于交易产品、交易主体单一，操纵碳市场的违法违规行为发生几率相对较低，认定难度也较低。全国碳市场的交易产品为碳排放配额（CEA），CEA不是实物，正是这种无形性，导致碳市场更加容易受到欺诈等操纵市场行为的侵害。特别是随着全国碳市场的进一步发展，交易产品、交易主体的逐步丰富，碳市场被操纵的风险可能会进一步增加。

相较于碳市场，我国关于证券市场操纵行为监管较为成熟，相关执法经验也更为丰富。在此，我们结合《证券法》对操纵市场违法手段进行梳理，以便为操纵碳市场行为的认定、证据标准提供借鉴。值得注意的是，在借鉴前应明确碳市场和证券市场的区别。就价格机制而言，在证券市场上，不同公司有不同的股票价格，不同股票之间不能转化，存在通过操纵个别证券价格诱使投资者交易的可能性。但在碳市场上，目前交易产品只有碳排放配额，从不同公司购买的碳排放配额可以合并，可能发生通过不当行为整体影响碳交易价格或交易量。因此，《证券法》第五十五条中所列举的七种典型操纵证券市场手段中，只有连续交易操纵、约定交易操纵、洗售交易操纵、虚假申报操纵、蛊惑交易操纵等五种手段更有可能会出现在碳市场上。

第六章

其他领域碳交易相关制度

应对气候变化、实现绿色低碳发展是一个多维、立体、系统的工程。建设全国碳市场，是我国从工业碳排放领域出发，利用市场机制控制和减少温室气体排放、推进绿色低碳发展的一项重大制度创新。此外，能源政策、资源利用政策也是影响我国能源消费和碳排放的主要政策因素。因此，搭建系统性思维，从能源节约、能源结构调整和碳汇发展等多视角出发，了解我国应对气候变化的总体框架，对于开展碳交易监管具有指导性意义。

一、节能评估和审查制度

《中华人民共和国节约能源法》（以下简称《节约能源法》）由全国人民代表大会常务委员会于1997年11月1日通过，并经过2007年10月修订、2016年7月修改和2018年10月修正。该法明确了节约资源是我国的基本国策，旨在推动全社会节约能源，提高能源利用效率，保护和改善环境，促进经济社会全面协调可持续发展。该法所称能源是指煤炭、石油、天然气、生物质能和电力、热力以及其他直接或者通过加工、转换而取得有用能的各种资源。该法将电力、钢铁、有色金属、建材、石油加工、化工、煤炭等列为重点用能行业，同时详细规定了建筑、交通运输、公共机构、重点用能单位等的节能管理工作。

《节约能源法》第十五条规定，要求不符合强制性节能标准的项目，建设单位不得开工建设；已经建成的，不得投入生产、使用。政府投资项目不符合强制性节能标准的，依法负责项目审批的机关不得批准建设。具体办法由国务院管理节能工作的部门会同国务院有关部门制定。2016年国家发展改革委发布的《固定资产投资项目节能审查办法》对该制度作出详细规定，要求对各级人民政府投资主管部门管理的、在我国境内建设的固定资产投资项目的节能情况进行审查。

第一，建设单位应编制固定资产投资项目节能报告，节能报告包括以下内容：分析评价依据；项目建设方案的节能分析和比选，包括总平面布置、生产工艺、用能工艺、用能设备和能源计量器具等方面；选取节能效果好、技术经济可行的节能技术和管理措施；项目能源消费量、能源消费结构、能源效率等方面的分析；对所在地完成能源消耗总量和强度目标、煤炭消费减量替代目标的影响等方面的分析评价。

第二，地方节能审查机关负责政府投资项目和企业投资项目的节能审查工作并形成审查意见。审查意见是项目开工建设、竣工验收和运营管理的重要依据。其中对于年综合能源消费量5 000 t标准煤以上（改扩建项目按照建成投产后年综合能源消费增量计算，电力折算系数按当量值）的固定资产投资项目，其节能审查由省级节能审查机关负责；对于其他固定资产投资项目，由省级节能审查机关依据实际情况自行决定节能审查管理权限。而对于年综合能源消费量不满1 000 t标准煤，且年电力消费量不满500万kW·h的固定资产投资项目，以及用能工艺简单、节能潜力小的行业（具体行业目录由国家发展改革委制定并公布）的固定资产投资项目不再单独进行节能审查。

节能审查应依据项目是否符合节能有关法律法规、标准规范、政策；项目用能分析是否客观准确，方法是否科学，结论是否准确；节能措施是否合理可行；项目的能源消费量和能效水平是否满足本地区能源消耗总量和强度"双控"管理要求等对项目节能报告进行审查。

因此，固定资产投资项目节能评估和审查制度涉及固定资产投资项目节能报告、节能审查意见等文件，其中包含项目能源消费量、能源消费结构、能源效率等内容，是以事前审查的方式对固定资产投资项目的能耗数据进行摸底，有利于形成清晰的碳排放数据，与碳交易核算密切相关，可以作为监管检查的重要参考文件。

二、用能监督管理制度

《节约能源法》第五十三条规定："重点用能单位应当每年向管理节能工作的部门报送上年度的能源利用状况报告，能源利用状况包括能源消费情况、能源利用效率、节能目标完成情况和节能效益分析、节能措施等内容。"若存在瞒报、伪造、篡改等情况，用能单位和第三方服务机构均涉及行政处罚责任（第七十五条、第七十六条）。

此外，《中华人民共和国循环经济促进法》（以下简称《循环经济促进法》）中，也规定了能耗重点监督管理制度。该法第十六条规定，国家对钢铁、有色金属、煤炭、电力、石油加工、化工、建材、建筑、造纸、印染等行业年综合能源消费量、用水量超过国家规定总量的重点企业，实行能耗、水耗的重点监督管理。重点能源消费单位的节能监督管理，依照《节约能源法》的规定执行。

根据《节约能源法》和《重点用能单位节能管理办法》（2018年修订）规定，重点用能单位包括两类：一类为年综合能源消费总量1万t标准煤及以上的用能单位；另一类为国务院有关部门或者省、自治区、直辖市人民政府管理节能工作的部门指定的年综合能源消费总量5 000 t以上不满1万t标准煤的用能单位。这一划分标准以及《循环经济促进法》中确定的重点监督行业，与重点碳排放单位的划分标准、覆盖行业有所重合。该项制度有利于统计重点用能单位的能源消耗数据，尤其是在重点用能单位与重点排放单位重合的情况下，可以将重点用能单位报送的数据与碳排放报告进行比对，有利于加强对碳排放报送工作的监督。

三、清洁生产审核制度

《中华人民共和国清洁生产促进法》（以下简称《清洁生产促进法》）于2003年1月1日实施，2012年2月修正后于2012年7月1日实施。该法旨在促进清洁生产，提高资源利用效率，减少和避免污染物的产生，保护和改善环境，保障人体健康，促进经济与社会可持续发展。该法要求在我国领域内，从事生产和服务活动的单位以及从事相关管理活动的部门要依照法律规定组织、实施清洁生产。清洁生产是指不断采取改进设计、使用清洁的能源和原料、采用先进的工艺技术与设备、改善管理、综合利用等措施，从源头削减污染，提高资源利用效率，减少或者避免生产、服务和产品使用过程中污染物的产生和排放，以减轻或者消除对人类健康和环境的危害。

清洁生产审核制度与碳交易监管制度密切相关，主要体现在重点监管行业上有重合。依据《清洁生产促进法》和《国务院关于加快建立健全绿色低碳循环发展经济体系的指导意见》（国发〔2021〕4号），我国在"双超双有高耗能"行业实施强制性清洁生产审核。各地先后出台实施方案和指导意见以确定纳入强制性清洁生产审核范围的行业，涉及能源、钢铁、焦化、建材、有色、化工等行业，其中部分行业与全国碳交易市场第一阶段纳入的重点排放行业重合。通过实施清洁生产审核制度，可以了解企业资源消耗及排废情况的监测结果，用于比对企业碳排放报告，确认企业能耗利用情况。

"十四五"时期，我国生态文明建设进入了以降碳为重点战略方向、推动减污降碳协同增效、促进经济社会发展全面绿色转型、实现生态环境质量改善由量变到质变的关键时期。在此背景下，2021年10月29日国家发展改革委等十部门联合发布《"十四五"全国清洁生产推行方案》，强调使用清洁低碳能源，如工业燃料原材料清洁替代、农用投入品减量等措施，通过改善管理和技术进步，实现从源头到末端全流程节能降碳，从而推动减污降碳协同增效、助力实现碳达峰碳中和。

四、循环经济统计制度

《循环经济促进法》于2008年8月29日公布，2009年1月1日起实施。后于2018年10月26日修正并实施。

循环经济是指在生产、流通和消费等过程中进行的减量化、再利用、资源化活动。该法规定了政府部门对循环经济发展的基本管理制度，要求国务院及各级人民政府循环经济发展综合管理部门编制循环经济发展规划，建立和完善循环经济评价指标体系，并对重点企业实行能耗、水耗重点监督管理制度；制定了减量化、再利用和资源化的措施，要求工业企业、电力、石油加工、化工、钢铁、有色金属、建材、内燃机和机动车制造企业、矿山企业、建筑设计、建设、施工单位、服务性企业等企业作出减量化安排，促进企业进行废物交换利用、能量梯级利用、土地集约利用、水的分类利用和循环使用、工业废物综合利用、建筑垃圾综合利用等；设定相应的激励措施和法律责任规定，旨在促进循环经济发展，提高资源利用效率，保护和改善环境，实现可持续发展。

《循环经济促进法》中的循环经济统计制度是指国家加强资源消耗、综合利用和废物产生的统计管理，并将主要统计指标定期向社会公布。该制度通过健全循环经济统计指标体系，完善统计核算方法，建立统计核算制度和数据发布制度；通过建立健全循环经济统计调查制度，进行数据采集和分析；通过开展区域层面资源产出率统计，发布国家层面资源产出率指标。循环经济统计指标能够为碳交易与交易监管提供资源消耗、综合利用的数据参考。

五、能源消耗计量制度

我国多部法律、法规和部门规章中对能源消耗计量作出了规定，能够为碳交易监管执法部门确定企业能源消耗量提供依据和参考。

（一）《中华人民共和国电力法》规定的电费计量制度

《中华人民共和国电力法》（以下简称《电力法》）于1995年12月28日公布，1996年4月1日起实施，并经2009年8月、2015年4月、2018年12月三次修正。

《电力法》适用于我国境内的电力建设、生产、供应和使用活动，旨在保障和促进电力事业的发展，维护电力投资者、经营者和使用者的合法权益，保障电力安全运行，明确国务院电力管理部门负责全国电力事业的监督管理，国务院有关部门及县级以上地方人民政府有关部门在各自的职责范围内负责电力事业的监督管理。该法对电力建设、电力生产与电网管理、电力供应与使用、农村电力建设和农业用电以及电力设施保护作出规定，要求电力管理部门依法对电力企业和用户执行电力法律、行政法规的情况进行监督检查，并规定了电力企业或者用户违反供用电合同约定及该法应当承担的法律责任。

《电力法》规定了电费计量制度。第三十三条规定："供电企业应当按照国家核准的电价和用电计量装置的记录，向用户计收电费。"第三十一条规定："用户应当安装用电计量装置。用户使用的电力电量，以计量检定机构依法认可的用电计量装置的记录为准。"因此，这一制度为监管部门确定企业电力消耗量提供了参考。

（二）《公共机构节能条例》规定的能源消费计量制度

《公共机构节能条例》（以下简称《条例》）由国务院于2008年8月1日公布， 2008年10月1日起实施，后于2017年3月1日修订。

《条例》旨在推动公共机构节能，提高公共机构能源利用效率，发挥公共机构在全社会节能中的表率作用。《条例》所称公共机构，是指全部或者部分使用财政性资金的国家机关、事业单位和团体组织。

《条例》规定，国务院管理节能工作的部门主管全国的公共机构节能监督管理工作，国务院和县级以上地方各级人民政府管理机关事务工作的机构在同级管理节能工作的部门指导下，负责本级公共机构节能监督管理工作。该《条例》对节能规划、节能管理、节能措施，以及有关节能制度的监督和保障作出规定，明确了国务院和县级以上地方各级人民政府管理机关事务工作的机构应当会同同级有关部门制定本级公共机构节能规划，对公共机构实行节能管理；要求公共机构实行能源消费计量制度、采购节能产品和设备、严格执行国家有关建筑节能等方面的规定和标准、进行能源审计；规定了公共机构节能运行管理制度和用能系统操作规程、实行能源管理岗位责任制、选择物业服务企业及日常办公运行等能源管理方面的节能措施；将国务院和县级以上地方各级人民政府管理机关事务工作的机构及有关部门作为公共机构节能的监督检查机关。

其中两项制度与碳交易密切相关，能够为碳排放的计算提供能源消耗参考：

第一，公共机构能源消费计量制度。该制度与碳排放核算中的能源消耗数据相关，要求公共机构区分用能种类、用能系统实行能源消费分户、分类、分项计量，并对能源消耗状况进行实时监测，及时发现、纠正用能浪费现象。

第二，能源消费统计制度。该制度要求公共机构应当指定专人负责能源消费统计，如实记录能源消费计量原始数据，建立统计台账。

（三）《重点用能单位节能管理办法》（2018年修订）规定的能源计量和审计制度

国家发展和改革委员会、科学技术部、中国人民银行、国务院国有资产监督管理委员会、国家质量监督检验检疫总局、国家统计局、中国证券监督管理委员会等部门对《重点用能单位节能管理办法》进行修订，于2018年2月22日发布，于同年5月1日起实施。由原国家经济贸易委员会于1999年3月10日发布实施的《重点用能单位节能管理办法》同时废止。

该办法在《节约能源法》的基础上，再次明确了节能监管单位、监督和管理职责、重点用能单位的划分标准。要求重点用能单位每年制订并实施节能计划和节能措施；建立健全能源管理制度，节能目标责任制和节能奖惩制度，能源计量管理制度，统计资料的审核、签署、交接、归档等管理制度；建立健全能源管理体系并使之有效运行，实施能源审计，建设能耗在线监测系统，使用节能技术、生产工艺和用能设备，并要求成立节能工作领导小组，制定一系列的奖惩措施与重点用能单位违法应承担的法律责任。

该法中有三项制度与碳交易密切相关，能够作为碳排放核算、执法监管的依据：

（1）能源计量管理制度。

《能源计量监督管理办法》（2020年修订）规定了用能单位能源计量管理制度。《能源计量监督管理办法》由国家质量监督检验检疫总局于2010年9月17日公布，2010年11月1日实施。后经国家市场监督管理总局于2020年10月23日修订后实施。该办法适用于我国境内的用能单位能源计量活动和能源计量监督管理工作，旨在加强能源计量监督管理，促进节能减排和可持续发展。

根据该办法，国家市场监督管理总局对全国能源计量工作实施统一监督管理。县级以上地方市场监督管理部门对本行政区域内的能源计量工作实施监督管理；要求用能单位建立健全能源计量管理制度，配备和使用符合规定要求的能源计量器具，建立能源计量器具台账，建立完善的能源计量数据管理制度，制定年度节能目标和实施方案，配备专业人员从事能源计量工作，每年对其能源计量工作开展情况进行自查，并规定了市场监督管理部门的监督检查职责以及用能单位违反该办法应承担的法律责任。

同时，重点用能单位应当按照《用能单位能源计量器具配备和管理通则》《重点用能单位能源计量审查规范》等有关规定，配备和使用经依法检定或校准的能源计量器具，加强能源计量数据的管理和使用，建立健全能源计量管理制度，完善能源计量体系，并接受质量技术监督部门开展的能源计量审查等监督检查。

（2）能源审计制度。

重点用能单位应当按照国家有关规定实施能源审计，分析现状，查找问题，挖掘节能潜力，提出切实可行的节能措施，并向县级以上人民政府管理节能工作的部门报送能源审计报告。县级以上人民政府管理节能工作的部门对重点用能单位的能源审计报告进行审核，并指导和督促重点用能单位落实节能措施。

（3）能耗在线监测系统建设。

重点用能单位应当结合现有能源管理信息化平台，加强能源计量基础能力建设，按照政府管理节能工作的部门、质量技术监督部门要求建设能耗在线监测系统，提升能源管理信息化水平。重点用能单位未按要求开展能耗在线监测系统建设和能耗在线监测工作的，由管理节能工作的部门以书面形式责令限期整改；逾期不整改的或者没有达到整改要求的，由管理节能工作的部门处一万元以上三万元以下罚款。

六、绿色电力相关制度

绿色电力是指符合国家有关政策要求的风电、光伏等可再生能源发电企业上网电量。根据市场建设发展需要，绿色电力范围可逐步扩大到符合条件的水电发电企业上网电量。

绿色电力交易是指电力用户或售电公司与绿色电力发电企业依据规则同步

开展电力中长期交易和绿证认购交易的过程。在绿色电力供应范围内，电力用户与绿色电力发电企业建立认购关系，选择通过电网企业供电或代理购电的方式获得绿色电力，属于绿色电力交易范畴。

可再生能源的规定主要源自《中华人民共和国可再生能源法》。

《中华人民共和国可再生能源法》于2005年2月28日公布，2006年1月1日起实施。2009年12月对该法进行修正并于2010年4月1日起实施。该法所称可再生能源是指风能、太阳能、水能、生物质能、地热能、海洋能等非化石能源，旨在促进可再生能源的开发利用，增加能源供应，改善能源结构，保障能源安全，保护环境，实现经济社会的可持续发展。

2017年，《国家发展改革委　国家能源局关于开展分布式发电市场化交易试点的通知》（发改能源〔2017〕1901号）中明确，分布式发电市场化交易的可再生能源电量部分视为购电方电力消费中的可再生能源电力消费量，对应的节能量计入购电方，碳减排量由交易双方约定。在实行可再生能源电力配额制时，通过电网输送和交易的可再生能源电量计入当地电网企业的可再生能源电力配额完成量。

2020年12月30日，国家能源局华北监管局印发《京津冀绿色电力市场化交易规则》《京津冀绿色电力市场化交易优先调度实施细则（试行）》，进一步推进了京津冀地区可再生能源市场化交易的有序开展，规范了交易工作。

2022年1月18日，国家发展改革委、工信部、住建部、商务部等部门研究制订了《促进绿色消费实施方案》。方案指出：进一步激发全社会绿色电力消费潜力。鼓励行业龙头企业、大型国有企业、跨国公司等消费绿色电力，发挥示范带动作用，推动外向型企业较多、经济承受能力较强的地区逐步提升绿色电力消费比例。方案提出：建立绿色电力交易与可再生能源消纳责任权重挂钩机制，市场化用户通过购买绿色电力或绿证完成可再生能源消纳责任权重。加强与碳排放权交易的衔接，结合全国碳市场相关行业核算报告技术规范的修订完善，研究在排放量核算中将绿色电力相关碳排放量予以扣减的可行性。

2022年1月25日，广州电力交易中心等联合发布《南方区域绿色电力交易规则（试行）》，积极推进南方绿色电力交易机制建设，引导绿色电力消费，加快绿色能源发展。

七、废弃物综合利用制度

《循环经济促进法》第二十九条至第四十一条规定了废物综合利用制度。多个中央工作文件均提出废物综合利用协同降碳的规定。

2017年《国务院办公厅关于加快推进畜禽养殖废弃物资源化利用的意见》提出，落实沼气和生物天然气增值税即征即退政策，支持生物天然气和沼气工程开展碳交易项目。

2021年国家发展改革委印发的《国家发展改革委办公厅关于加快推进大宗固体废弃物综合利用示范建设的通知》（发改办环资〔2021〕1045号）强调，要发挥好大宗固体废弃物综合利用替代天然资源的协同降碳作用，形成利废建材行业降碳示范效应。

八、低碳产品认证制度

2022年1月，国家发展改革委、工信部、商务部等部门共同发布的《促进绿色消费实施方案》指出，促进绿色消费是消费领域的一场深刻变革，这对实现碳达峰碳中和目标具有重要作用。在此之前，我国多部门已发布低碳领域相关产品和技术的发展、扶持文件和政策。

低碳产品认证制度源自《节能低碳产品认证管理办法》。《节能低碳产品认证管理办法》由国家质量监督检验检疫总局、国家发展和改革委员会于

2015年9月17日公布，2015年11月1日起实施。该办法适用于在我国境内从事的节能低碳产品认证活动，对认证实施工作、认证证书和认证标志、监督管理工作、低碳产品认证活动违法行为及法律后果作出规定。旨在提高用能产品以及其他产品的能源利用效率，改进材料利用，控制温室气体排放，应对气候变化，规范和管理节能低碳产品认证活动。

低碳产品认证制度与碳排放核算制度有密切关系，该办法第十七条与第二十四条对低碳产品的碳排放计算及认证证书的产品碳排放清单作出规定，有助于碳交易执法监管机构了解产品碳排放数据，也便于企业今后在低碳产品领域开展碳交易。

此外，国家市场监督管理总局于2019年5月5日发布、同年6月1日实施的《绿色产品标识使用管理办法》规定了能效标识管理制度，以统一的绿色产品标准、认证、标识体系，推行节能低碳环保产品认证。该办法要求由国家市场监管总局统一发布绿色产品标识，建设和管理绿色产品标识信息平台，并规定了绿色产品标识的样式、使用以及监督管理机制，旨在加快推进生态文明体制建设，规范绿色产品标识使用。

九、气候监测制度

气候监测制度源自《中华人民共和国气象法》，减缓和适应是应对气候变化主要措施，而实施系列降碳举措的效果如何，对控制升温的贡献有多大等，均需科学地评估，该制度能够为温室气体排放监测和控排效果提供依据和指引。

《中华人民共和国气象法》由全国人大常委会于1999年10月31日通过，2000年1月1日实施，并经2009年8月、2014年8月、2016年11月三次修正。该法适用于我国领域内或我国管辖的其他海域内从事气象探测、预报、服务和气象灾害防御、气候资源利用、气象科学技术研究等活动，旨在发展气象事业，规范气象工作，准确、及时地发布气象预报，防御气象灾害，合理开发利用和保护气候资源，为经济建设、国防建设、社会发展和人民生活提供气象服务。

该法第三十二条规定国务院气象主管机构负责全国气候资源的综合调查、区划工作，组织进行气候监测、分析、评价，并对可能引起气候恶化的大气成分进行监测，定期发布全国气候状况公报。

十、绿色金融制度

我国正在加快构建中国特色绿色金融体系。2016年8月31日，中国人民银行、财政部、国家发展和改革委员会、环境保护部、中国银行业监督管理委员会、中国证券监督管理委员会、中国保险监督管理委员会等部门联合印发《关于构建绿色金融体系的指导意见》提出，绿色金融是指为支持环境改善、应对气候变化和资源节约高效利用的经济活动，即对环保、节能、清洁能源、绿色交通、绿色建筑等领域的项目投融资、项目运营、风险管理等所提供的金融服务。自2017年以来，国务院先后批复浙江、江西、广东、贵州、新疆、甘肃等六省（区）九地设立各有侧重、各具特色的绿色金融改革创新试验区，探索建立可复制、可推广的绿色金融体制机制。

国家层面，出台了一系列政策，旨在加大金融对改善生态环境、资源节约高效利用等的支持，推动绿色金融发展。2021年2月2日，国务院印发了《国务院关于加快建立健全绿色低碳循环发展经济体系的指导意见》，对建立健全绿色低碳循环发展经济体系作出顶层设计和总体部署。2021年9月3日，工业和信息化部、中国人民银行、中国银行保险监督管理委员会、中国证券监督管理委员会四部门联合印发的《关于加强产融合作推动工业绿色发展的指导意见》提出，加大绿色融资支出力度，创新绿色金融产品和服务。2021年12月，经中诚信绿金科技（北京）有限公司认证，国电投清洁能源基金管理有限公司成为国内首家获得绿色主体认证的基金管理公司，电投清能一期碳中和股权投资基金成为国内首只经绿色认证的绿色低碳产业投资基金，基金项目预计每年可实现节能量约103.29万t标准煤，可协同二氧化碳减排量约为24.46万t。

地方层面，北京市、上海市、重庆市、河北省、江苏省、福建省、陕西省等多地均出台了促进本地区绿色金融发展的相关政策。以深圳市为例，深圳市人民代表大会常务委员会于2020年11月5日公布了《深圳经济特区绿色金融条例》，并于2021年3月1日起实施，为我国首部绿色金融法律法规。该条例适用于深圳经济特区绿色金融相关活动，旨在推动绿色金融发展，提升绿色金融服务实体经济能力，推进深圳可持续金融中心建设，促进经济社会可持续发展。该条例规定，深圳市地方金融监管部门具体负责统筹、协调、指导绿色金融发展，组织实施绿色金融业绩评价，并依法对绿色金融活动实施监督管理；金融机构应当建立符合绿色金融发展要求的法人治理结构和组织体系，健全绿色金融工作领导决策机制以及相应的执行、监督机制，银行业金融机构应当建立绿色信贷统计制度，保险业金融机构应当建立保险资金绿色投资制度，机构投资者应当建立绿色投资管理制度，资产管理人应当建立相应的绿色投资管理制度。同时，该条例对金融机构提供的产品与服务进行规制，要求金融机构建立绿色投资评估制度，对资金投向的企业、项目或者资产所产生的环境影响信息进行披露，并规定了市、区人民政府对绿色金融发展的促进与保障职责和措施。

该条例中还规定了与碳交易相关的内容，包括：①金融机构参与碳交易。该条例第二十八条规定："支持金融机构开展环境权益抵押和质押融资业务；鼓励金融机构参与粤港澳大湾区碳交易市场跨境交易业务。支持专业服务机构根据市场需求，提供碳排放权、排污权、节能量（用能权）、水权等环境权益相关的资产评估、认证、咨询、资产处置等服务。"②碳普惠机制。该条例第二十九条规定："支持深圳排放权交易机构开展下列业务：（一）提供环境权益交易和相关金融服务；（二）运营管理碳普惠统一平台；（三）开展碳资产和绿色资产境内和跨境交易；（四）创新节能减排、绿色低碳、生态环保领域的交易品种。"第五十五条规定："市人民政府应当推动建立服务企业清洁、低碳、绿色发展的环境权益交易市场，促进深圳碳交易市场发展，完善碳普惠制度，积极培育高效便捷的排污权、节能量（用能权）、水权交易市场。"通过碳普惠机制与碳抵消机制关联，对小微企业、社区家庭和个人的节能减碳行为进行具体量化和赋予一定价值，进而建立起以商业激励、政策鼓励和核证减排量交易相结合的正向引导机制。

附件一

现行碳排放权交易规定文件清单

一、法律

《中华人民共和国大气污染防治法》（发文机关：全国人民代表大会常务委员会，公布和实施时间：2018年10月26日）

二、部门规章及其他规范性文件

（一）部门规章

附表1-1　现行碳排放权交易部门规章文件清单

序号	名称	发文字号	发文单位	发布时间	实施时间
1	《碳排放权交易管理办法（试行）》	生态环境部令第19号	生态环境部	2020-12-31	2021-2-1
2	《温室气体自愿减排交易管理暂行办法》	发改气候〔2012〕1668号	国家发展和改革委员会	2012-6-13	2012-6-13

（二）规范性文件和工作文件

1. 国务院文件

附表1-2　现行碳排放权交易国务院文件清单

序号	名称	发文字号	发文单位	发布和实施时间
1	《国务院关于印发"十三五"控制温室气体排放工作方案的通知》	国发〔2016〕61号	国务院	2016-10-27

续表

序号	名称	发文字号	发文单位	发布和实施时间
2	《中共中央　国务院关于完整准确全面贯彻新发展理念做好碳达峰碳中和工作的意见》		中共中央，国务院	2021-9-22
3	《国务院关于印发2030年前碳达峰行动方案的通知》	国发〔2021〕23号	国务院	2021-10-24
4	《国家生态文明试验区(福建)实施方案》		中共中央办公厅，国务院办公厅	2016-8-22

2. 部委文件

附表1-3　现行碳排放权交易部委文件清单

序号	名称	发文字号	发文单位	发布和实施时间
1	《关于统筹和加强应对气候变化与生态环境保护相关工作的指导意见》	环综合〔2021〕4号	生态环境部	2021-1-11
2	《关于加强高耗能、高排放建设项目生态环境源头防控的指导意见》	环环评〔2021〕45号	生态环境部	2021-5-31
3	《关于促进应对气候变化投融资的指导意见》	环气候〔2020〕57号	生态环境部，国家发展和改革委员会，中国人民银行，中国银行保险监督管理委员会，中国证券监督管理委员会	2020-10-21
4	《关于做好2022年企业温室气体排放报告管理相关重点工作的通知》	环办气候函〔2022〕111号	生态环境部办公厅	2022-3-10
5	《2019—2020年全国碳排放权交易配额总量设定与分配实施方案（发电行业）》	国环规气候〔2020〕3号	生态环境部	2020-12-30

续表

序号	名称	发文字号	发文单位	发布和实施时间
6	《碳排放权登记管理规则（试行）》	生态环境部公告2021年第21号	生态环境部	2021-5-17
7	《碳排放权结算管理规则（试行）》			
8	《碳排放权交易管理规则（试行）》			
9	《企业温室气体排放报告核查指南（试行）》	环办气候函〔2021〕130号	生态环境部办公厅	2021-3-26
10	《关于加强企业温室气体排放报告管理相关工作的通知》附件二：《企业温室气体排放核算方法与报告指南 发电设施》	环办气候〔2021〕9号	生态环境部办公厅	2021-3-29
11	《关于做好2022年企业温室气体排放报告管理相关重点工作的通知》附件二：《企业温室气体排放核算方法与报告指南 发电设施（2022年修订版）》	环办气候函〔2022〕111号	生态环境部办公厅	2022-3-10
12	《国家发展改革委关于印发全国碳排放权交易市场建设方案（发电行业）的通知》	发改气候规〔2017〕2191号	国家发展和改革委员会	2017-12-18
13	《国家发展改革委办公厅关于切实做好全国碳排放权交易市场启动重点工作的通知》	发改办气候〔2016〕57号	国家发展和改革委员会	2016-1-11
14	《国家发展改革委办公厅关于开展碳排放权交易试点工作的通知》	发改办气候〔2011〕2601号	国家发展和改革委员会	2011-10-29
15	《国家应对气候变化规划（2014—2020年）》	发改气候〔2014〕2347号	国家发展和改革委员会	2014-9-19
16	《国家发展和改革委员会关于组织开展重点企（事）业单位温室气体排放报告工作的通知》	发改气候〔2014〕63号	国家发展和改革委员会	2014-1-13

三、地方法规、规章及其他规范性文件

（一）地方法规

附表1-4　现行碳排放权交易地方法规文件清单

地区	名称	发文单位	发布时间	实施时间
北京	《北京市人民代表大会常务委员会关于北京市在严格控制碳排放总量前提下开展碳排放交易试点工作的决定》	北京市人民代表大会常务委员会	2013-12-27	2013-12-27
天津	《天津市碳达峰碳中和促进条例》	天津市人民代表大会常务委员会	2021-9-27	2021-11-1
深圳	《深圳经济特区碳排放管理若干规定》（2019年修正）	深圳市人民代表大会常务委员会	2012-10-30	2012-10-30，2019-9-5修正

（二）地方政府规章

附表1-5　现行碳排放权交易地方政府规章文件清单

地区	名称	发文字号	发文单位	发布时间	实施时间
北京	《北京市碳排放权交易管理办法（试行）》	京政发〔2014〕4号	北京市人民政府	2014-5-28	2014-5-28
北京	《北京市人民政府关于调整〈北京市碳排放权交易管理办法（试行）〉重点排放单位范围的通知》	京政发〔2015〕65号	北京市人民政府	2015-12-16	2015-12-16
天津	《天津市碳排放权交易管理暂行办法》（2020年）	津政办规〔2020〕11号	天津市人民政府办公厅	2020-6-10	2020-7-1
上海	《上海市碳排放管理试行办法》	上海市人民政府令第10号	上海市人民政府	2013-11-18	2013-11-20

续表

地区	名称	发文字号	发文单位	发布时间	实施时间
重庆	《重庆市碳排放权交易管理暂行办法》	渝府发〔2014〕17号	重庆市人民政府	2014-4-26	2014-4-26
广东	《广东省碳排放管理试行办法》（2020年修订）	2014年1月15日广东省人民政府令第197号公布，2020年5月12日粤府令第275号修订	广东省人民政府	2014-1-15	2014-3-1，2020-5-12修订
湖北	《湖北省碳排放权管理和交易暂行办法》	湖北省人民政府令第371号	湖北省人民政府	2014-4-4	2014-6-1
湖北	《湖北省人民政府关于修改〈湖北省碳排放权管理和交易暂行办法〉第五条第一款的决定》	湖北省人民政府令第389号	湖北省人民政府	2016-9-26	2016-11-1
深圳	《深圳市碳排放权交易管理办法》	深圳市人民政府令第343号	深圳市人民政府	2022-5-29	2022-7-1
福建	《福建省碳排放权交易管理暂行办法》（2020年修订）	2016年9月22日福建省人民政府令第176号公布，2020年8月7日福建省人民政府令第214号修订	福建省人民政府	2016-9-22	2016-9-22，2020-8-7修订
山西	《山西省应对气候变化办法》	晋政发〔2011〕19号	山西省人民政府办公厅	2011-7-12	2011-7-12
青海	《青海省应对气候变化办法》（2020年修订）	2010年8月6日青海省人民政府令第75号公布，2020年6月12日青海省人民政府令第125号修订	青海省人民政府	2010-8-6	2010-10-1，2020-6-12修订

（三）地方规范性文件和工作文件（部分）

附表1-6　现行碳排放权交易部分地方规范性文件和工作文件清单

地区	名称	发文字号	发文单位	发布时间	实施时间
北京	《北京市发展和改革委员会　河北省发展和改革委员会　承德市人民政府关于推进跨区域碳排放权交易试点有关事项的通知》		北京市发展和改革委员会，河北省发展和改革委员会，承德市人民政府	2014-12-19	
	《北京市发展和改革委员会关于进一步开放碳排放权交易市场加强碳资产管理有关工作的通告》	京发改〔2014〕2656号	北京市发展和改革委员会	2014-12-9	
	《北京市碳排放权交易公开市场操作管理办法（试行）》	京发改规〔2014〕2号	北京市发展和改革委员会，北京市金融工作局	2014-6-10	2014-6-10
	《北京市碳排放配额场外交易实施细则》	京发改规〔2016〕15号	北京市发展和改革委员会，北京市金融工作局	2016-11-23	2016-11-23
	《北京市碳排放权抵消管理办法（试行）》	京发改规〔2014〕6号	北京市发展和改革委员会，北京市园林绿化局	2014-9-1	2014-9-1
	《北京市生态环境行政处罚裁量基准（2022年修订版）》	京环发〔2022〕14号	北京市生态环境局	2022-6-23	2022-6-23
	电力、热力、水泥、石化、工业、服务业、交通运输等行业地方标准《二氧化碳排放核算和报告要求》（DB 11/T 1787—2020）		北京市市场监督管理局	2020-12-24	2021-1-1

地区	名称	发文字号	发文单位	发布时间	实施时间
天津	《天津市碳排放权交易试点工作实施方案》	津政办发〔2013〕12号	天津市人民政府	2013-2-5	2013-2-5
上海	《上海市人民政府关于本市开展碳排放交易试点工作的实施意见》	沪府发〔2012〕64号	上海市人民政府	2012-7-3	
	《上海市碳排放核查工作规则（试行）》	沪发改环资〔2014〕35号	上海市发展和改革委员会	2014-3-12	
	《上海市碳排放核查第三方机构管理暂行办法（修订版）》	沪环气〔2020〕272号	上海市生态环境局	2020-12-25	2020-12-25
	《上海市碳排放核查第三方机构监管和考评细则》	沪环气〔2021〕221号	上海市生态环境局	2021-10-7	
	《上海市碳排放配额登记管理暂行规定》	沪发改环资〔2013〕170号	上海市发展和改革委员会	2013-11-22	
	《关于本市碳排放交易试点期间有关抵消机制使用规定的通知》	沪发改环资〔2015〕3号	上海市发展和改革委员会	2015-1-8	
	《关于本市碳排放交易试点期间进一步规范使用抵消机制有关规定的通知》	沪发改环资〔2015〕53号	上海市发展和改革委员会	2015-4-21	
重庆	《重庆市工业企业碳排放核算报告和核查细则（试行）》	渝发改环〔2014〕542号	重庆市发展和改革委员会	2014-5-28	2014-5-28
	《重庆市碳排放配额管理细则（试行）》	渝发改环〔2014〕538号	重庆市发展和改革委员会	2014-5-28	2014-5-28
	《重庆市工业企业碳排放核算和报告指南（试行）》	渝发改环〔2014〕544号	重庆市发展和改革委员会	2014-5-28	
	《重庆市企业碳排放核查工作规范（试行）》	渝发改环〔2014〕547号	重庆市发展和改革委员会	2014-5-28	

续表

地区	名称	发文字号	发文单位	发布时间	实施时间
重庆	《重庆市规划环境影响评价技术指南——碳排放评价（试行）》	渝环〔2021〕15号	重庆市生态环境局	2021-1-26	
	《重庆市建设项目环境影响评价技术指南——碳排放评价（试行）》	渝环〔2021〕15号	重庆市生态环境局	2021-1-26	
广东	《广东省碳排放权交易试点工作实施方案》	粤府函〔2012〕264号	广东省人民政府	2012-9-7	
	《广东省发展改革委关于企业碳排放信息报告与核查的实施细则》	粤发改气候〔2015〕80号	广东省发展和改革委员会	2015-2-16	2015-3-1
	《广东省发展改革委关于碳排放配额管理的实施细则》	粤发改气候〔2015〕80号	广东省发展和改革委员会	2015-2-16	2015-3-1
	《广东省企业（单位）二氧化碳排放信息报告指南（2022年修订）》	粤环函〔2022〕60号	广东省生态环境厅	2022-2-28	
	《广东省企业碳排放核查规范（2021年修订）》	粤环函〔2022〕60号	广东省生态环境厅	2022-2-28	
湖北	《湖北省工业企业温室气体排放监测、量化和报告指南（试行）》	鄂发改气候〔2014〕394号	湖北省发展和改革委员会	2014-7-24	
	《湖北省温室气体排放核查指南（试行）》				
	《湖北省碳排放配额投放和回购管理办法（试行）》	鄂发改气候〔2015〕600号	湖北省发展和改革委员会	2015-9-28	
深圳	《深圳市环境行政处罚裁量权实施标准（2021年版）》		深圳市生态环境局	2021-11-1	
	《组织的温室气体排放核查指南》	深市质〔2018〕575号	深圳市市场和质量监督管理委员会	2018-11-15	2018-12-1

地区	名称	发文字号	发文单位	发布时间	实施时间
深圳	《深圳市碳排放权交易核查机构及核查员管理暂行办法》	深市监联〔2014〕3号	深圳市市场监督管理局，深圳市发展和改革委员会	2014-5-21	
福建	《福建省碳排放权交易市场建设实施方案》	闽政〔2016〕40号	福建省人民政府	2016-9-26	
	《福建省碳排放权抵消管理办法（试行）》	闽发改生态〔2016〕848号	福建省发展和改革委员会，福建省林业厅，福建省经济和信息化委员会	2016-11-28	
	《福建省碳排放权交易市场调节实施细则（试行）》	闽发改生态〔2016〕853号	福建省发展和改革委员会，福建省财政厅	2016-11-30	
	《福建省碳排放权交易市场信用信息管理实施细则（试行）》	闽发改生态〔2016〕856号	福建省发展和改革委员会，福建省国家税务局，福建省地方税务局，福建省工商行政管理局，中国人民银行福州中心支行	2016-11-30	
	《福建省碳排放配额管理实施细则（试行）》	闽发改生态〔2016〕868号	福建省发展和改革委员会	2016-12-2	
	《福建省发展和改革委员会关于规范碳排放权交易和用能权交易服务收费的通知》	闽发改服价〔2020〕188号	福建省发展和改革委员会	2020-4-9	
	《福建省碳排放权交易第三方核查机构管理办法（试行）》	闽发改生态〔2016〕849号	福建省发展和改革委员会，福建省质量技术监督局	2016-11-28	

续表

地区	名称	发文字号	发文单位	发布时间	实施时间
江苏	《江苏省碳排放权交易第三方核查机构管理办法（暂行）》	苏政办发〔2016〕63号	江苏省人民政府	2016-6-15	
西藏	《西藏自治区人民政府办公厅关于印发西藏自治区碳排放权交易市场建设工作实施方案的通知》	藏政办发〔2015〕48号	西藏自治区人民政府	2015-7-2	
浙江	《浙江省碳排放权交易市场建设实施方案》	浙政办发〔2015〕70号	浙江省人民政府	2016-7-4	
浙江	《浙江省重点企（事）业单位温室气体排放核查管理办法（试行）》		浙江省生态环境厅	2020-7-29	2020-9-1
江西	《江西省发展改革委关于印发江西省落实全国碳排放权交易市场建设工作实施方案的通知》		江西省发展和改革委员会	2016-7-19	
青海	《青海省碳排放权交易市场建设实施方案》		青海省发展和改革委员会，青海省工业和信息化厅	2016-12-15	

碳排放权交易规定文件摘录

一、国家法律、法规、规章及其他规范性文件

1.《中华人民共和国大气污染防治法》

第一章　总则

第二条　防治大气污染，应当加强对燃煤、工业、机动车船、扬尘、农业等大气污染的综合防治，推行区域大气污染联合防治，对颗粒物、二氧化硫、氮氧化物、挥发性有机物、氨等大气污染物和温室气体实施协同控制。

2.《碳排放权交易管理办法（试行）》

第一章　总则

第一条　为落实党中央、国务院关于建设全国碳排放权交易市场的决策部署，在应对气候变化和促进绿色低碳发展中充分发挥市场机制作用，推动温室气体减排，规范全国碳排放权交易及相关活动，根据国家有关温室气体排放控制的要求，制定本办法。

第二条　本办法适用于全国碳排放权交易及相关活动，包括碳排放配额分配和清缴，碳排放权登记、交易、结算，温室气体排放报告与核查等活动，以及对前述活动的监督管理。

第三条　全国碳排放权交易及相关活动应当坚持市场导向、循序渐进、公平公开和诚实守信的原则。

第四条　生态环境部按照国家有关规定建设全国碳排放权交易市场。

全国碳排放权交易市场覆盖的温室气体种类和行业范围，由生态环境部拟订，按程序报批后实施，并向社会公开。

第五条　生态环境部按照国家有关规定，组织建立全国碳排放权注册登记机构和全国碳排放权交易机构，组织建设全国碳排放权注册登记系统和全国碳排放权交易系统。

全国碳排放权注册登记机构通过全国碳排放权注册登记系统，记录碳排放配额的持有、变更、清缴、注销等信息，并提供结算服务。全国碳排放权注册登记系统记录的信息是判断碳排放配额归属的最终依据。

全国碳排放权交易机构负责组织开展全国碳排放权集中统一交易。

全国碳排放权注册登记机构和全国碳排放权交易机构应当定期向生态环境部报告全国碳排放权登记、交易、结算等活动和机构运行有关情况，以及应当报告的其他重大事项，并保证全国碳排放权注册登记系统和全国碳排放权交易系统安全稳定可靠运行。

第六条　生态环境部负责制定全国碳排放权交易及相关活动的技术规范，加强对地方碳排放配额分配、温室气体排放报告与核查的监督管理，并会同国务院其他有关部门对全国碳排放权交易及相关活动进行监督管理和指导。

省级生态环境主管部门负责在本行政区域内组织开展碳排放配额分配和清缴、温室气体排放报告的核查等相关活动，并进行监督管理。

设区的市级生态环境主管部门负责配合省级生态环境主管部门落实相关具体工作，并根据本办法有关规定实施监督管理。

第七条　全国碳排放权注册登记机构和全国碳排放权交易机构及其工作人员，应当遵守全国碳排放权交易及相关活动的技术规范，并遵守国家其他有关主管部门关于交易监管的规定。

第二章　温室气体重点排放单位

第八条　温室气体排放单位符合下列条件的，应当列入温室气体重点排放单位（以下简称重点排放单位）名录：

（一）属于全国碳排放权交易市场覆盖行业；

（二）年度温室气体排放量达到2.6万吨二氧化碳当量。

第九条　省级生态环境主管部门应当按照生态环境部的有关规定，确定本行政区域重点排放单位名录，向生态环境部报告，并向社会公开。

第十条　重点排放单位应当控制温室气体排放，报告碳排放数据，清缴碳排放配额，公开交易及相关活动信息，并接受生态环境主管部门的监督管理。

第十一条　存在下列情形之一的，确定名录的省级生态环境主管部门应当将相关温室气体排放单位从重点排放单位名录中移出：

（一）连续二年温室气体排放未达到2.6万吨二氧化碳当量的；

（二）因停业、关闭或者其他原因不再从事生产经营活动，因而不再排放温室气体的。

第十二条　温室气体排放单位申请纳入重点排放单位名录的，确定名录的省级生态环境主管部门应当进行核实；经核实符合本办法第八条规定条件的，应当将其纳入重点排放单位名录。

第十三条　纳入全国碳排放权交易市场的重点排放单位，不再参与地方碳排放权交易试点市场。

第三章　分配与登记

第十四条　生态环境部根据国家温室气体排放控制要求，综合考虑经济增长、产业结构调整、能源结构优化、大气污染物排放协同控制等因素，制定碳排放配额总量确定与分配方案。

省级生态环境主管部门应当根据生态环境部制定的碳排放配额总量确定与分配方案，向本行政区域内的重点排放单位分配规定年度的碳排放配额。

第十五条　碳排放配额分配以免费分配为主，可以根据国家有关要求适时引入有偿分配。

第十六条　省级生态环境主管部门确定碳排放配额后，应当书面通知重点排放单位。

重点排放单位对分配的碳排放配额有异议的，可以自接到通知之日起七个工作日内，向分配配额的省级生态环境主管部门申请复核；省级生态环境主管部门应当自接到复核申请之日起十个工作日内，作出复核决定。

第十七条　重点排放单位应当在全国碳排放权注册登记系统开立账户，进行相关业务操作。

第十八条　重点排放单位发生合并、分立等情形需要变更单位名称、碳排放配额等事项的，应当报经所在地省级生态环境主管部门审核后，向全国碳排放权注册登记机构申请变更登记。全国碳排放权注册登记机构应当通过全国碳排放权注册登记系统进行变更登记，并向社会公开。

第十九条　国家鼓励重点排放单位、机构和个人，出于减少温室气体排放等公益目的自愿注销其所持有的碳排放配额。

自愿注销的碳排放配额，在国家碳排放配额总量中予以等量核减，不再进行分配、登记或者交易。相关注销情况应当向社会公开。

第四章　排放交易

第二十条　全国碳排放权交易市场的交易产品为碳排放配额，生态环境部可以根据国家有关规定适时增加其他交易产品。

第二十一条　重点排放单位以及符合国家有关交易规则的机构和个人，是全国碳排放权交易市场的交易主体。

第二十二条　碳排放权交易应当通过全国碳排放权交易系统进行，可以采取协议转让、单向竞价或者其他符合规定的方式。

全国碳排放权交易机构应当按照生态环境部有关规定，采取有效措施，发挥全国碳排放权交易市场引导温室气体减排的作用，防止过度投机的交易行为，维护市场健康发展。

第二十三条 全国碳排放权注册登记机构应当根据全国碳排放权交易机构提供的成交结果，通过全国碳排放权注册登记系统为交易主体及时更新相关信息。

第二十四条 全国碳排放权注册登记机构和全国碳排放权交易机构应当按照国家有关规定，实现数据及时、准确、安全交换。

第五章 排放核查与配额清缴

第二十五条 重点排放单位应当根据生态环境部制定的温室气体排放核算与报告技术规范，编制该单位上一年度的温室气体排放报告，载明排放量，并于每年3月31日前报生产经营场所所在地的省级生态环境主管部门。排放报告所涉数据的原始记录和管理台账应当至少保存五年。

重点排放单位对温室气体排放报告的真实性、完整性、准确性负责。

重点排放单位编制的年度温室气体排放报告应当定期公开，接受社会监督，涉及国家秘密和商业秘密的除外。

第二十六条 省级生态环境主管部门应当组织开展对重点排放单位温室气体排放报告的核查，并将核查结果告知重点排放单位。核查结果应当作为重点排放单位碳排放配额清缴依据。

省级生态环境主管部门可以通过政府购买服务的方式委托技术服务机构提供核查服务。技术服务机构应当对提交的核查结果的真实性、完整性和准确性负责。

第二十七条 重点排放单位对核查结果有异议的，可以自被告知核查结果之日起七个工作日内，向组织核查的省级生态环境主管部门申请复核；省级生态环境主管部门应当自接到复核申请之日起十个工作日内，作出复核决定。

第二十八条 重点排放单位应当在生态环境部规定的时限内，向分配配额的省级生态环境主管部门清缴上年度的碳排放配额。清缴量应当大于等于省级生态环境主管部门核查结果确认的该单位上年度温室气体实际排放量。

第二十九条　重点排放单位每年可以使用国家核证自愿减排量抵销碳排放配额的清缴，抵销比例不得超过应清缴碳排放配额的5%。相关规定由生态环境部另行制定。

用于抵销的国家核证自愿减排量，不得来自纳入全国碳排放权交易市场配额管理的减排项目。

第六章　监督管理

第三十条　上级生态环境主管部门应当加强对下级生态环境主管部门的重点排放单位名录确定、全国碳排放权交易及相关活动情况的监督检查和指导。

第三十一条　设区的市级以上地方生态环境主管部门根据对重点排放单位温室气体排放报告的核查结果，确定监督检查重点和频次。

设区的市级以上地方生态环境主管部门应当采取"双随机、一公开"的方式，监督检查重点排放单位温室气体排放和碳排放配额清缴情况，相关情况按程序报生态环境部。

第三十二条　生态环境部和省级生态环境主管部门，应当按照职责分工，定期公开重点排放单位年度碳排放配额清缴情况等信息。

第三十三条　全国碳排放权注册登记机构和全国碳排放权交易机构应当遵守国家交易监管等相关规定，建立风险管理机制和信息披露制度，制定风险管理预案，及时公布碳排放权登记、交易、结算等信息。

全国碳排放权注册登记机构和全国碳排放权交易机构的工作人员不得利用职务便利谋取不正当利益，不得泄露商业秘密。

第三十四条　交易主体违反本办法关于碳排放权注册登记、结算或者交易相关规定的，全国碳排放权注册登记机构和全国碳排放权交易机构可以按照国家有关规定，对其采取限制交易措施。

第三十五条　鼓励公众、新闻媒体等对重点排放单位和其他交易主体的碳排放权交易及相关活动进行监督。

重点排放单位和其他交易主体应当按照生态环境部有关规定，及时公开有关全国碳排放权交易及相关活动信息，自觉接受公众监督。

第三十六条　公民、法人和其他组织发现重点排放单位和其他交易主体有违反本办法规定行为的，有权向设区的市级以上地方生态环境主管部门举报。

接受举报的生态环境主管部门应当依法予以处理，并按照有关规定反馈处理结果，同时为举报人保密。

第七章　罚则

第三十七条　生态环境部、省级生态环境主管部门、设区的市级生态环境主管部门的有关工作人员，在全国碳排放权交易及相关活动的监督管理中滥用职权、玩忽职守、徇私舞弊的，由其上级行政机关或者监察机关责令改正，并依法给予处分。

第三十八条　全国碳排放权注册登记机构和全国碳排放权交易机构及其工作人员违反本办法规定，有下列行为之一的，由生态环境部依法给予处分，并向社会公开处理结果：

（一）利用职务便利谋取不正当利益的；

（二）有其他滥用职权、玩忽职守、徇私舞弊行为的。

全国碳排放权注册登记机构和全国碳排放权交易机构及其工作人员违反本办法规定，泄露有关商业秘密或者有构成其他违反国家交易监管规定行为的，依照其他有关规定处理。

第三十九条　重点排放单位虚报、瞒报温室气体排放报告，或者拒绝履行温室气体排放报告义务的，由其生产经营场所所在地设区的市级以上地方生态环境主管部门责令限期改正，处一万元以上三万元以下的罚款。逾期未改正的，由重点排放单位生产经营场所所在地的省级生态环境主管部门测算其温室气体实际排放量，并将该排放量作为碳排放配额清缴的依据；对虚报、瞒报部分，等量核减其下一年度碳排放配额。

第四十条　重点排放单位未按时足额清缴碳排放配额的，由其生产经营场所所在地设区的市级以上地方生态环境主管部门责令限期改正，处二万元以上三万元以下的罚款；逾期未改正的，对欠缴部分，由重点排放单位生产经营场所所在地的省级生态环境主管部门等量核减其下一年度碳排放配额。

第四十一条　违反本办法规定，涉嫌构成犯罪的，有关生态环境主管部门应当依法移送司法机关。

第八章　附则

第四十二条　本办法中下列用语的含义：

（一）温室气体：是指大气中吸收和重新放出红外辐射的自然和人为的气态成分，包括二氧化碳（CO_2）、甲烷（CH_4）、氧化亚氮（N_2O）、氢氟碳化物（HFCs）、全氟化碳（PFCs）、六氟化硫（SF_6）和三氟化氮（NF_3）。

（二）碳排放：是指煤炭、石油、天然气等化石能源燃烧活动和工业生产过程以及土地利用变化与林业等活动产生的温室气体排放，也包括因使用外购的电力和热力等所导致的温室气体排放。

（三）碳排放权：是指分配给重点排放单位的规定时期内的碳排放额度。

（四）国家核证自愿减排量：是指对我国境内可再生能源、林业碳汇、甲烷利用等项目的温室气体减排效果进行量化核证，并在国家温室气体自愿减排交易注册登记系统中登记的温室气体减排量。

第四十三条　本办法自2021年2月1日起施行。

3.《温室气体自愿减排交易管理暂行办法》

第一章　总则

第一条　为鼓励基于项目的温室气体自愿减排交易，保障有关交易活动有序开展，制定本暂行办法。

第二条　本暂行办法适用于二氧化碳（CO_2）、甲烷（CH_4）、氧化亚氮（N_2O）、氢氟碳化物（HFCs）、全氟化碳（PFCs）和六氟化硫（SF_6）等六种温室气体的自愿减排量的交易活动。

第三条　温室气体自愿减排交易应遵循公开、公平、公正和诚信的原则，所交易减排量应基于具体项目，并具备真实性、可测量性和额外性。

第四条　国家发展改革委作为温室气体自愿减排交易的国家主管部门，依据本暂行办法对中华人民共和国境内的温室气体自愿减排交易活动进行管理。

第五条　国内外机构、企业、团体和个人均可参与温室气体自愿减排量交易。

第六条　国家对温室气体自愿减排交易采取备案管理。参与自愿减排交易的项目，在国家主管部门备案和登记，项目产生的减排量在国家主管部门备案和登记，并在经国家主管部门备案的交易机构内交易。

中国境内注册的企业法人可依据本暂行办法申请温室气体自愿减排项目及减排量备案。

第七条　国家主管部门建立并管理国家自愿减排交易登记簿（以下简称"国家登记簿"），用于登记经备案的自愿减排项目和减排量，详细记录项目基本信息及减排量备案、交易、注销等有关情况。

第八条　在每个备案完成后的10个工作日内，国家主管部门通过公布相关信息和提供国家登记簿查询，引导参与自愿减排交易的相关各方，对具有公信力的自愿减排量进行交易。

第二章　自愿减排项目管理

第九条　参与温室气体自愿减排交易的项目应采用经国家主管部门备案的方法学并由经国家主管部门备案的审定机构审定。

第十条　方法学是指用于确定项目基准线、论证额外性、计算减排量、制定监测计划等的方法指南。

对已经联合国清洁发展机制执行理事会批准的清洁发展机制项目方法学，由国家主管部门委托专家进行评估，对其中适合于自愿减排交易项目的方法学予以备案。

第十一条　对新开发的方法学，其开发者可向国家主管部门申请备案，并提交该方法学及所依托项目的设计文件。国家主管部门接到新方法学备案申请后，委托专家进行技术评估，评估时间不超过60个工作日。

国家主管部门依据专家评估意见对新开发方法学备案申请进行审查，并于接到备案申请之日起30个工作日内（不含专家评估时间）对具有合理性和可操作性、所依托项目设计文件内容完备、技术描述科学合理的新开发方法学予以备案。

第十二条　申请备案的自愿减排项目在申请前应由经国家主管部门备案的审定机构审定，并出具项目审定报告。项目审定报告主要包括以下内容：

（一）项目审定程序和步骤；

（二）项目基准线确定和减排量计算的准确性；

（三）项目的额外性；

（四）监测计划的合理性；

（五）项目审定的主要结论。

第十三条　申请备案的自愿减排项目应于2005年2月16日之后开工建设，且属于以下任一类别：

（一）采用经国家主管部门备案的方法学开发的自愿减排项目；

（二）获得国家发展改革委批准作为清洁发展机制项目，但未在联合国清洁发展机制执行理事会注册的项目；

（三）获得国家发展改革委批准作为清洁发展机制项目且在联合国清洁发展机制执行理事会注册前就已经产生减排量的项目；

（四）在联合国清洁发展机制执行理事会注册但减排量未获得签发的

项目。

第十四条　国资委管理的中央企业中直接涉及温室气体减排的企业（包括其下属企业、控股企业），直接向国家发展改革委申请自愿减排项目备案。具体名单由国家主管部门制定、调整和发布。

未列入前款名单的企业法人，通过项目所在省、自治区、直辖市发展改革部门提交自愿减排项目备案申请。省、自治区、直辖市发展改革部门就备案申请材料的完整性和真实性提出意见后转报国家主管部门。

第十五条　申请自愿减排项目备案须提交以下材料：

（一）项目备案申请函和申请表；

（二）项目概况说明；

（三）企业的营业执照；

（四）项目可研报告审批文件、项目核准文件或项目备案文件；

（五）项目环评审批文件；

（六）项目节能评估和审查意见；

（七）项目开工时间证明文件；

（八）采用经国家主管部门备案的方法学编制的项目设计文件；

（九）项目审定报告。

第十六条　国家主管部门接到自愿减排项目备案申请材料后，委托专家进行技术评估，评估时间不超过30个工作日。

第十七条　国家主管部门商有关部门依据专家评估意见对自愿减排项目备案申请进行审查，并于接到备案申请之日起30个工作日内（不含专家评估时间）对符合下列条件的项目予以备案，并在国家登记簿登记。

（一）符合国家相关法律法规；

（二）符合本办法规定的项目类别；

（三）备案申请材料符合要求；

（四）方法学应用、基准线确定、温室气体减排量的计算及其监测方法得当；

（五）具有额外性；

（六）审定报告符合要求；

（七）对可持续发展有贡献。

第三章　项目减排量管理

第十八条　经备案的自愿减排项目产生减排量后，作为项目业主的企业在向国家主管部门申请减排量备案前，应由经国家主管部门备案的核证机构核证，并出具减排量核证报告。减排量核证报告主要包括以下内容：

（一）减排量核证的程序和步骤；

（二）监测计划的执行情况；

（三）减排量核证的主要结论。

对年减排量6万吨以上的项目进行过审定的机构，不得再对同一项目的减排量进行核证。

第十九条　申请减排量备案须提交以下材料：

（一）减排量备案申请函；

（二）项目业主或项目业主委托的咨询机构编制的监测报告；

（三）减排量核证报告。

第二十条　国家主管部门接到减排量备案申请材料后，委托专家进行技术评估，评估时间不超过30个工作日。

第二十一条　国家主管部门依据专家评估意见对减排量备案申请进行审查，并于接到备案申请之日起30个工作日内（不含专家评估时间）对符合下列条件的减排量予以备案：

（一）产生减排量的项目已经国家主管部门备案；

（二）减排量监测报告符合要求；

（三）减排量核证报告符合要求。

经备案的减排量称为"核证自愿减排量（CCER）"，单位以"吨二氧化碳当量（tCO$_2$-e）"计。

第二十二条　自愿减排项目减排量经备案后，在国家登记簿登记并在经备案的交易机构内交易。用于抵消碳排放的减排量，应于交易完成后在国家登记簿中予以注销。

第四章　减排量交易

第二十三条　温室气体自愿减排量应在经国家主管部门备案的交易机构内，依据交易机构制定的交易细则进行交易。

经备案的交易机构的交易系统与国家登记簿连接，实时记录减排量变更情况。

第二十四条　交易机构通过其所在省、自治区和直辖市发展改革部门向国家主管部门申请备案，并提交以下材料：

（一）机构的注册资本及股权结构说明；

（二）章程、内部监管制度及有关设施情况报告；

（三）高层管理人员名单及简历；

（四）交易机构的场地、网络、设备、人员等情况说明及相关地方或行业主管部门出具的意见和证明材料；

（五）交易细则。

第二十五条　国家主管部门对交易机构备案申请进行审查，审查时间不超过6个月，并于审查完成后对符合以下条件的交易机构予以备案：

（一）在中国境内注册的中资法人机构，注册资本不低于1亿元人民币；

（二）具有符合要求的营业场所、交易系统、结算系统、业务资料报送系统和与业务有关的其他设施；

（三）拥有具备相关领域专业知识及相关经验的从业人员；

（四）具有严格的监察稽核、风险控制等内部监控制度；

（五）交易细则内容完整、明确，具备可操作性。

第二十六条　对自愿减排交易活动中有违法违规情况的交易机构，情节较轻的，国家主管部门将责令其改正；情节严重的，将公布其违法违规信息，并通告其原备案无效。

第五章　审定与核证管理

第二十七条　从事本暂行办法第二章规定的自愿减排交易项目审定和第三章规定的减排量核证业务的机构，应通过其注册地所在省、自治区和直辖市发展改革部门向国家主管部门申请备案，并提交以下材料：

（一）营业执照；

（二）法定代表人身份证明文件；

（三）在项目审定、减排量核证领域的业绩证明材料；

（四）审核员名单及其审核领域。

第二十八条　国家主管部门接到审定与核证机构备案申请材料后，对审定与核证机构备案申请进行审查，审查时间不超过6个月，并于审查完成后对符合下列条件的审定与核证机构予以备案：

（一）成立及经营符合国家相关法律规定；

（二）具有规范的管理制度；

（三）在审定与核证领域具有良好的业绩；

（四）具有一定数量的审核员，审核员在其审核领域具有丰富的从业经验，未出现任何不良记录；

（五）具备一定的经济偿付能力。

第二十九条　经备案的审定和核证机构，在开展相关业务过程中如出现违法违规情况，情节较轻的，国家主管部门将责令其改正；情节严重的，将公布其违法违规信息，并通告其原备案无效。

第六章 附则

第三十条 本暂行办法由国家发展改革委负责解释。

第三十一条 本暂行办法自印发之日起施行。

4.《中共中央 国务院关于完整准确全面贯彻新发展理念做好碳达峰碳中和工作的意见》

实现碳达峰、碳中和，是以习近平同志为核心的党中央统筹国内国际两个大局作出的重大战略决策，是着力解决资源环境约束突出问题、实现中华民族永续发展的必然选择，是构建人类命运共同体的庄严承诺。为完整、准确、全面贯彻新发展理念，做好碳达峰、碳中和工作，现提出如下意见。

一、总体要求

（一）指导思想。以习近平新时代中国特色社会主义思想为指导，全面贯彻党的十九大和十九届二中、三中、四中、五中全会精神，深入贯彻习近平生态文明思想，立足新发展阶段，贯彻新发展理念，构建新发展格局，坚持系统观念，处理好发展和减排、整体和局部、短期和中长期的关系，把碳达峰、碳中和纳入经济社会发展全局，以经济社会发展全面绿色转型为引领，以能源绿色低碳发展为关键，加快形成节约资源和保护环境的产业结构、生产方式、生活方式、空间格局，坚定不移走生态优先、绿色低碳的高质量发展道路，确保如期实现碳达峰、碳中和。

（二）工作原则

实现碳达峰、碳中和目标，要坚持"全国统筹、节约优先、双轮驱动、内外畅通、防范风险"原则。

——全国统筹。全国一盘棋，强化顶层设计，发挥制度优势，实行党政同责，压实各方责任。根据各地实际分类施策，鼓励主动作为、率先达峰。

——节约优先。把节约能源资源放在首位，实行全面节约战略，持续降低单位产出能源资源消耗和碳排放，提高投入产出效率，倡导简约适度、绿色低碳生活方式，从源头和入口形成有效的碳排放控制阀门。

——双轮驱动。政府和市场两手发力，构建新型举国体制，强化科技和制度创新，加快绿色低碳科技革命。深化能源和相关领域改革，发挥市场机制作用，形成有效激励约束机制。

——内外畅通。立足国情实际，统筹国内国际能源资源，推广先进绿色低碳技术和经验。统筹做好应对气候变化对外斗争与合作，不断增强国际影响力和话语权，坚决维护我国发展权益。

——防范风险。处理好减污降碳和能源安全、产业链供应链安全、粮食安全、群众正常生活的关系，有效应对绿色低碳转型可能伴随的经济、金融、社会风险，防止过度反应，确保安全降碳。

二、主要目标

到2025年，绿色低碳循环发展的经济体系初步形成，重点行业能源利用效率大幅提升。单位国内生产总值能耗比2020年下降13.5%；单位国内生产总值二氧化碳排放比2020年下降18%；非化石能源消费比重达到20%左右；森林覆盖率达到24.1%，森林蓄积量达到180亿立方米，为实现碳达峰、碳中和奠定坚实基础。

到2030年，经济社会发展全面绿色转型取得显著成效，重点耗能行业能源利用效率达到国际先进水平。单位国内生产总值能耗大幅下降；单位国内生产总值二氧化碳排放比2005年下降65%以上；非化石能源消费比重达到25%左右，风电、太阳能发电总装机容量达到12亿千瓦以上；森林覆盖率达到25%左右，森林蓄积量达到190亿立方米，二氧化碳排放量达到峰值并实现稳中有降。

到2060年，绿色低碳循环发展的经济体系和清洁低碳安全高效的能源体系全面建立，能源利用效率达到国际先进水平，非化石能源消费比重达到80%以上，碳中和目标顺利实现，生态文明建设取得丰硕成果，开创人与自然和谐共生新境界。

三、推进经济社会发展全面绿色转型

（三）强化绿色低碳发展规划引领。将碳达峰、碳中和目标要求全面融入经济社会发展中长期规划，强化国家发展规划、国土空间规划、专项规划、区域规划和地方各级规划的支撑保障。加强各级各类规划间衔接协调，确保各地区各领域落实碳达峰、碳中和的主要目标、发展方向、重大政策、重大工程等协调一致。

（四）优化绿色低碳发展区域布局。持续优化重大基础设施、重大生产力和公共资源布局，构建有利于碳达峰、碳中和的国土空间开发保护新格局。在京津冀协同发展、长江经济带发展、粤港澳大湾区建设、长三角一体化发展、黄河流域生态保护和高质量发展等区域重大战略实施中，强化绿色低碳发展导向和任务要求。

（五）加快形成绿色生产生活方式。大力推动节能减排，全面推进清洁生产，加快发展循环经济，加强资源综合利用，不断提升绿色低碳发展水平。扩大绿色低碳产品供给和消费，倡导绿色低碳生活方式。把绿色低碳发展纳入国民教育体系。开展绿色低碳社会行动示范创建。凝聚全社会共识，加快形成全民参与的良好格局。

四、深度调整产业结构

（六）推动产业结构优化升级。加快推进农业绿色发展，促进农业固碳增效。制定能源、钢铁、有色金属、石化化工、建材、交通、建筑等行业和领域碳达峰实施方案。以节能降碳为导向，修订产业结构调整指导目录。开展钢铁、煤炭去产能"回头看"，巩固去产能成果。加快推进工业领域低碳工艺革新和数字化转型。开展碳达峰试点园区建设。加快商贸流通、信息服务等绿色转型，提升服务业低碳发展水平。

（七）坚决遏制高耗能高排放项目盲目发展。新建、扩建钢铁、水泥、平板玻璃、电解铝等高耗能高排放项目严格落实产能等量或减量置换，出台煤电、石化、煤化工等产能控制政策。未纳入国家有关领域产业规划的，一律不得新建改扩建炼油和新建乙烯、对二甲苯、煤制烯烃项目。合理控制煤制油气产能规模。提升高耗能高排放项目能耗准入标准。加强产能过剩分析预警和窗口指导。

（八）大力发展绿色低碳产业。加快发展新一代信息技术、生物技术、新能源、新材料、高端装备、新能源汽车、绿色环保以及航空航天、海洋装备等战略性新兴产业。建设绿色制造体系。推动互联网、大数据、人工智能、第五代移动通信（5G）等新兴技术与绿色低碳产业深度融合。

五、加快构建清洁低碳安全高效能源体系

（九）强化能源消费强度和总量双控。坚持节能优先的能源发展战略，严格控制能耗和二氧化碳排放强度，合理控制能源消费总量，统筹建立二氧化碳排放总量控制制度。做好产业布局、结构调整、节能审查与能耗双控的衔接，对能耗强度下降目标完成形势严峻的地区实行项目缓批限批、能耗等量或减量替代。强化节能监察和执法，加强能耗及二氧化碳排放控制目标分析预警，严格责任落实和评价考核。加强甲烷等非二氧化碳温室气体管控。

（十）大幅提升能源利用效率。把节能贯穿于经济社会发展全过程和各领域，持续深化工业、建筑、交通运输、公共机构等重点领域节能，提升数据中心、新型通信等信息化基础设施能效水平。健全能源管理体系，强化重点用能单位节能管理和目标责任。瞄准国际先进水平，加快实施节能降碳改造升级，打造能效"领跑者"。

（十一）严格控制化石能源消费。加快煤炭减量步伐，"十四五"时期严控煤炭消费增长，"十五五"时期逐步减少。石油消费"十五五"时期进入峰值平台期。统筹煤电发展和保供调峰，严控煤电装机规模，加快现役煤电机组节能升级和灵活性改造。逐步减少直至禁止煤炭散烧。加快推进页岩气、煤层气、致密油气等非常规油气资源规模化开发。强化风险管控，确保能源安全稳定供应和平稳过渡。

（十二）积极发展非化石能源。实施可再生能源替代行动，大力发展风能、太阳能、生物质能、海洋能、地热能等，不断提高非化石能源消费比重。坚持集中式与分布式并举，优先推动风能、太阳能就地就近开发利用。因地制宜开发水能。积极安全有序发展核电。合理利用生物质能。加快推进抽水蓄能和新型储能规模化应用。统筹推进氢能"制储输用"全链条发展。构建以新能源为主体的新型电力系统，提高电网对高比例可再生能源的消纳和调控能力。

（十三）深化能源体制机制改革。全面推进电力市场化改革，加快培育发展配售电环节独立市场主体，完善中长期市场、现货市场和辅助服务市场衔接机制，扩大市场化交易规模。推进电网体制改革，明确以消纳可再生能源为主的增量配电网、微电网和分布式电源的市场主体地位。加快形成以储能和调峰能力为基础支撑的新增电力装机发展机制。完善电力等能源品种价格市场化形成机制。从有利于节能的角度深化电价改革，理顺输配电价结构，全面放开竞争性环节电价。推进煤炭、油气等市场化改革，加快完善能源统一市场。

六、加快推进低碳交通运输体系建设

（十四）优化交通运输结构。加快建设综合立体交通网，大力发展多式联运，提高铁路、水路在综合运输中的承运比重，持续降低运输能耗和二氧化碳排放强度。优化客运组织，引导客运企业规模化、集约化经营。加快发展绿色物流，整合运输资源，提高利用效率。

（十五）推广节能低碳型交通工具。加快发展新能源和清洁能源车船，推广智能交通，推进铁路电气化改造，推动加氢站建设，促进船舶靠港使用岸电常态化。加快构建便利高效、适度超前的充换电网络体系。提高燃油车船能效标准，健全交通运输装备能效标识制度，加快淘汰高耗能高排放老旧车船。

（十六）积极引导低碳出行。加快城市轨道交通、公交专用道、快速公交系统等大容量公共交通基础设施建设，加强自行车专用道和行人步道等城市慢行系统建设。综合运用法律、经济、技术、行政等多种手段，加大城市交通拥堵治理力度。

七、提升城乡建设绿色低碳发展质量

（十七）推进城乡建设和管理模式低碳转型。在城乡规划建设管理各环节全面落实绿色低碳要求。推动城市组团式发展，建设城市生态和通风廊道，提升城市绿化水平。合理规划城镇建筑面积发展目标，严格管控高能耗公共建筑建设。实施工程建设全过程绿色建造，健全建筑拆除管理制度，杜绝大拆大建。加快推进绿色社区建设。结合实施乡村建设行动，推进县城和农村绿色低碳发展。

（十八）大力发展节能低碳建筑。持续提高新建建筑节能标准，加快推进超低能耗、近零能耗、低碳建筑规模化发展。大力推进城镇既有建筑和市政基础设施节能改造，提升建筑节能低碳水平。逐步开展建筑能耗限额管理，推行建筑能效测评标识，开展建筑领域低碳发展绩效评估。全面推广绿色低碳建材，推动建筑材料循环利用。发展绿色农房。

（十九）加快优化建筑用能结构。深化可再生能源建筑应用，加快推动建筑用能电气化和低碳化。开展建筑屋顶光伏行动，大幅提高建筑采暖、生活热水、炊事等电气化普及率。在北方城镇加快推进热电联产集中供暖，加快工业余热供暖规模化发展，积极稳妥推进核电余热供暖，因地制宜推进热泵、燃气、生物质能、地热能等清洁低碳供暖。

八、加强绿色低碳重大科技攻关和推广应用

（二十）强化基础研究和前沿技术布局。制定科技支撑碳达峰、碳中和行动方案，编制碳中和技术发展路线图。采用"揭榜挂帅"机制，开展低碳零

碳负碳和储能新材料、新技术、新装备攻关。加强气候变化成因及影响、生态系统碳汇等基础理论和方法研究。推进高效率太阳能电池、可再生能源制氢、可控核聚变、零碳工业流程再造等低碳前沿技术攻关。培育一批节能降碳和新能源技术产品研发国家重点实验室、国家技术创新中心、重大科技创新平台。建设碳达峰、碳中和人才体系，鼓励高等学校增设碳达峰、碳中和相关学科专业。

（二十一）加快先进适用技术研发和推广。深入研究支撑风电、太阳能发电大规模友好并网的智能电网技术。加强电化学、压缩空气等新型储能技术攻关、示范和产业化应用。加强氢能生产、储存、应用关键技术研发、示范和规模化应用。推广园区能源梯级利用等节能低碳技术。推动气凝胶等新型材料研发应用。推进规模化碳捕集利用与封存技术研发、示范和产业化应用。建立完善绿色低碳技术评估、交易体系和科技创新服务平台。

九、持续巩固提升碳汇能力

（二十二）巩固生态系统碳汇能力。强化国土空间规划和用途管控，严守生态保护红线，严控生态空间占用，稳定现有森林、草原、湿地、海洋、土壤、冻土、岩溶等固碳作用。严格控制新增建设用地规模，推动城乡存量建设用地盘活利用。严格执行土地使用标准，加强节约集约用地评价，推广节地技术和节地模式。

（二十三）提升生态系统碳汇增量。实施生态保护修复重大工程，开展山水林田湖草沙一体化保护和修复。深入推进大规模国土绿化行动，巩固退耕还林还草成果，实施森林质量精准提升工程，持续增加森林面积和蓄积量。加强草原生态保护修复。强化湿地保护。整体推进海洋生态系统保护和修复，提升红树林、海草床、盐沼等固碳能力。开展耕地质量提升行动，实施国家黑土地保护工程，提升生态农业碳汇。积极推动岩溶碳汇开发利用。

十、提高对外开放绿色低碳发展水平

（二十四）加快建立绿色贸易体系。持续优化贸易结构，大力发展高质量、高技术、高附加值绿色产品贸易。完善出口政策，严格管理高耗能高排放产品出口。积极扩大绿色低碳产品、节能环保服务、环境服务等进口。

（二十五）推进绿色"一带一路"建设。加快"一带一路"投资合作绿色转型。支持共建"一带一路"国家开展清洁能源开发利用。大力推动南南合作，帮助发展中国家提高应对气候变化能力。深化与各国在绿色技术、绿色装备、绿色服务、绿色基础设施建设等方面的交流与合作，积极推动我国新能源等绿色低碳技术和产品走出去，让绿色成为共建"一带一路"的底色。

（二十六）加强国际交流与合作。积极参与应对气候变化国际谈判，坚持我国发展中国家定位，坚持共同但有区别的责任原则、公平原则和各自能力原则，维护我国发展权益。履行《联合国气候变化框架公约》及其《巴黎协定》，发布我国长期温室气体低排放发展战略，积极参与国际规则和标准制定，推动建立公平合理、合作共赢的全球气候治理体系。加强应对气候变化国际交流合作，统筹国内外工作，主动参与全球气候和环境治理。

十一、健全法律法规标准和统计监测体系

（二十七）健全法律法规。全面清理现行法律法规中与碳达峰、碳中和工作不相适应的内容，加强法律法规间的衔接协调。研究制定碳中和专项法律，抓紧修订节约能源法、电力法、煤炭法、可再生能源法、循环经济促进法等，增强相关法律法规的针对性和有效性。

（二十八）完善标准计量体系。建立健全碳达峰、碳中和标准计量体系。加快节能标准更新升级，抓紧修订一批能耗限额、产品设备能效强制性国家标准和工程建设标准，提升重点产品能耗限额要求，扩大能耗限额标准覆盖范围，完善能源核算、检测认证、评估、审计等配套标准。加快完善地区、行业、企业、产品等碳排放核查核算报告标准，建立统一规范的碳核算体系。制

定重点行业和产品温室气体排放标准，完善低碳产品标准标识制度。积极参与相关国际标准制定，加强标准国际衔接。

（二十九）提升统计监测能力。健全电力、钢铁、建筑等行业领域能耗统计监测和计量体系，加强重点用能单位能耗在线监测系统建设。加强二氧化碳排放统计核算能力建设，提升信息化实测水平。依托和拓展自然资源调查监测体系，建立生态系统碳汇监测核算体系，开展森林、草原、湿地、海洋、土壤、冻土、岩溶等碳汇本底调查和碳储量评估，实施生态保护修复碳汇成效监测评估。

十二、完善政策机制

（三十）完善投资政策。充分发挥政府投资引导作用，构建与碳达峰、碳中和相适应的投融资体系，严控煤电、钢铁、电解铝、水泥、石化等高碳项目投资，加大对节能环保、新能源、低碳交通运输装备和组织方式、碳捕集利用与封存等项目的支持力度。完善支持社会资本参与政策，激发市场主体绿色低碳投资活力。国有企业要加大绿色低碳投资，积极开展低碳零碳负碳技术研发应用。

（三十一）积极发展绿色金融。有序推进绿色低碳金融产品和服务开发，设立碳减排货币政策工具，将绿色信贷纳入宏观审慎评估框架，引导银行等金融机构为绿色低碳项目提供长期限、低成本资金。鼓励开发性政策性金融机构按照市场化法治化原则为实现碳达峰、碳中和提供长期稳定融资支持。支持符合条件的企业上市融资和再融资用于绿色低碳项目建设运营，扩大绿色债券规模。研究设立国家低碳转型基金。鼓励社会资本设立绿色低碳产业投资基金。建立健全绿色金融标准体系。

（三十二）完善财税价格政策。各级财政要加大对绿色低碳产业发展、技术研发等的支持力度。完善政府绿色采购标准，加大绿色低碳产品采购力度。落实环境保护、节能节水、新能源和清洁能源车船税收优惠。研究碳减排相关税收政策。建立健全促进可再生能源规模化发展的价格机制。完善差别化电价、分时电价和居民阶梯电价政策。严禁对高耗能、高排放、资源型行业实施电价优惠。加快推进供热计量改革和按供热量收费。加快形成具有合理约束力的碳价机制。

（三十三）推进市场化机制建设。依托公共资源交易平台，加快建设完善全国碳排放权交易市场，逐步扩大市场覆盖范围，丰富交易品种和交易方式，完善配额分配管理。将碳汇交易纳入全国碳排放权交易市场，建立健全能够体现碳汇价值的生态保护补偿机制。健全企业、金融机构等碳排放报告和信息披露制度。完善用能权有偿使用和交易制度，加快建设全国用能权交易市场。加强电力交易、用能权交易和碳排放权交易的统筹衔接。发展市场化节能方式，推行合同能源管理，推广节能综合服务。

十三、切实加强组织实施

（三十四）加强组织领导。加强党中央对碳达峰、碳中和工作的集中统一领导，碳达峰碳中和工作领导小组指导和统筹做好碳达峰、碳中和工作。支持有条件的地方和重点行业、重点企业率先实现碳达峰，组织开展碳达峰、碳中和先行示范，探索有效模式和有益经验。将碳达峰、碳中和作为干部教育培训体系重要内容，增强各级领导干部推动绿色低碳发展的本领。

（三十五）强化统筹协调。国家发展改革委要加强统筹，组织落实2030年前碳达峰行动方案，加强碳中和工作谋划，定期调度各地区各有关部门落实碳达峰、碳中和目标任务进展情况，加强跟踪评估和督促检查，协调解决实施中遇到的重大问题。各有关部门要加强协调配合，形成工作合力，确保政策取向一致、步骤力度衔接。

（三十六）压实地方责任。落实领导干部生态文明建设责任制，地方各级党委和政府要坚决扛起碳达峰、碳中和责任，明确目标任务，制定落实举措，自觉为实现碳达峰、碳中和作出贡献。

（三十七）严格监督考核。各地区要将碳达峰、碳中和相关指标纳入经济社会发展综合评价体系，增加考核权重，加强指标约束。强化碳达峰、碳中和目标任务落实情况考核，对工作突出的地区、单位和个人按规定给予表彰奖励，对未完成目标任务的地区、部门依规依法实行通报批评和约谈问责，有关落实情况纳入中央生态环境保护督察。各地区各有关部门贯彻落实情况每年向党中央、国务院报告。

5. 《2030年前碳达峰行动方案》

（本文有删减）

为深入贯彻落实党中央、国务院关于碳达峰、碳中和的重大战略决策，扎实推进碳达峰行动，制定本方案。

一、总体要求

（一）指导思想。以习近平新时代中国特色社会主义思想为指导，全面贯彻党的十九大和十九届二中、三中、四中、五中全会精神，深入贯彻习近平生态文明思想，立足新发展阶段，完整、准确、全面贯彻新发展理念，构建新发展格局，坚持系统观念，处理好发展和减排、整体和局部、短期和中长期的关系，统筹稳增长和调结构，把碳达峰、碳中和纳入经济社会发展全局，坚持"全国统筹、节约优先、双轮驱动、内外畅通、防范风险"的总方针，有力有序有效做好碳达峰工作，明确各地区、各领域、各行业目标任务，加快实现生产生活方式绿色变革，推动经济社会发展建立在资源高效利用和绿色低碳发展的基础之上，确保如期实现2030年前碳达峰目标。

（二）工作原则。

——总体部署、分类施策。坚持全国一盘棋，强化顶层设计和各方统筹。各地区、各领域、各行业因地制宜、分类施策，明确既符合自身实际又满足总体要求的目标任务。

——系统推进、重点突破。全面准确认识碳达峰行动对经济社会发展的深远影响，加强政策的系统性、协同性。抓住主要矛盾和矛盾的主要方面，推动重点领域、重点行业和有条件的地方率先达峰。

——双轮驱动、两手发力。更好发挥政府作用，构建新型举国体制，充分发挥市场机制作用，大力推进绿色低碳科技创新，深化能源和相关领域改革，形成有效激励约束机制。

——稳妥有序、安全降碳。立足我国富煤贫油少气的能源资源禀赋，坚持先立后破，稳住存量，拓展增量，以保障国家能源安全和经济发展为底线，争取时间实现新能源的逐渐替代，推动能源低碳转型平稳过渡，切实保障国家能源安全、产业链供应链安全、粮食安全和群众正常生产生活，着力化解各类风险隐患，防止过度反应，稳妥有序、循序渐进推进碳达峰行动，确保安全降碳。

二、主要目标

"十四五"期间，产业结构和能源结构调整优化取得明显进展，重点行业能源利用效率大幅提升，煤炭消费增长得到严格控制，新型电力系统加快构建，绿色低碳技术研发和推广应用取得新进展，绿色生产生活方式得到普遍推行，有利于绿色低碳循环发展的政策体系进一步完善。到2025年，非化石能源消费比重达到20%左右，单位国内生产总值能源消耗比2020年下降13.5%，单位国内生产总值二氧化碳排放比2020年下降18%，为实现碳达峰奠定坚实基础。

"十五五"期间，产业结构调整取得重大进展，清洁低碳安全高效的能源体系初步建立，重点领域低碳发展模式基本形成，重点耗能行业能源利用效率达到国际先进水平，非化石能源消费比重进一步提高，煤炭消费逐步减少，绿色低碳技术取得关键突破，绿色生活方式成为公众自觉选择，绿色低碳循环发展政策体系基本健全。到2030年，非化石能源消费比重达到25%左右，单位国内生产总值二氧化碳排放比2005年下降65%以上，顺利实现2030年前碳达峰目标。

三、重点任务

将碳达峰贯穿于经济社会发展全过程和各方面，重点实施能源绿色低碳转型行动、节能降碳增效行动、工业领域碳达峰行动、城乡建设碳达峰行动、交通运输绿色低碳行动、循环经济助力降碳行动、绿色低碳科技创新行动、碳汇能力巩固提升行动、绿色低碳全民行动、各地区梯次有序碳达峰行动等"碳达峰十大行动"。

（一）能源绿色低碳转型行动。

能源是经济社会发展的重要物质基础，也是碳排放的最主要来源。要坚持安全降碳，在保障能源安全的前提下，大力实施可再生能源替代，加快构建清洁低碳安全高效的能源体系。

1. 推进煤炭消费替代和转型升级。加快煤炭减量步伐，"十四五"时期严格合理控制煤炭消费增长，"十五五"时期逐步减少。严格控制新增煤电项目，新建机组煤耗标准达到国际先进水平，有序淘汰煤电落后产能，加快现役机组节能升级和灵活性改造，积极推进供热改造，推动煤电向基础保障性和系统调节性电源并重转型。严控跨区外送可再生能源电力配套煤电规模，新建通道可再生能源电量比例原则上不低于50%。推动重点用煤行业减煤限煤。大力推动煤炭清洁利用，合理划定禁止散烧区域，多措并举、积极有序推进散煤替代，逐步减少直至禁止煤炭散烧。

2. 大力发展新能源。全面推进风电、太阳能发电大规模开发和高质量发展，坚持集中式与分布式并举，加快建设风电和光伏发电基地。加快智能光伏产业创新升级和特色应用，创新"光伏＋"模式，推进光伏发电多元布局。坚持陆海并重，推动风电协调快速发展，完善海上风电产业链，鼓励建设海上风电基地。积极发展太阳能光热发电，推动建立光热发电与光伏发电、风电互补调节的风光热综合可再生能源发电基地。因地制宜发展生物质发电、生物质能清洁供暖和生物天然气。探索深化地热能以及波浪能、潮流能、温差能等海洋新能源开发利用。进一步完善可再生能源电力消纳保障机制。到2030年，风电、太阳能发电总装机容量达到12亿千瓦以上。

3. 因地制宜开发水电。积极推进水电基地建设，推动金沙江上游、澜沧江上游、雅砻江中游、黄河上游等已纳入规划、符合生态保护要求的水电项目开工建设，推进雅鲁藏布江下游水电开发，推动小水电绿色发展。推动西南地区水电与风电、太阳能发电协同互补。统筹水电开发和生态保护，探索建立水能资源开发生态保护补偿机制。"十四五""十五五"期间分别新增水电装机容量4 000万千瓦左右，西南地区以水电为主的可再生能源体系基本建立。

4. 积极安全有序发展核电。合理确定核电站布局和开发时序，在确保安全的前提下有序发展核电，保持平稳建设节奏。积极推动高温气冷堆、快堆、模块化小型堆、海上浮动堆等先进堆型示范工程，开展核能综合利用示范。加大核电标准化、自主化力度，加快关键技术装备攻关，培育高端核电装备制造产业集群。实行最严格的安全标准和最严格的监管，持续提升核安全监管能力。

5. 合理调控油气消费。保持石油消费处于合理区间，逐步调整汽油消费规模，大力推进先进生物液体燃料、可持续航空燃料等替代传统燃油，提升终端燃油产品能效。加快推进页岩气、煤层气、致密油（气）等非常规油气资源规模化开发。有序引导天然气消费，优化利用结构，优先保障民生用气，大力推动天然气与多种能源融合发展，因地制宜建设天然气调峰电站，合理引导工业用气和化工原料用气。支持车船使用液化天然气作为燃料。

6. 加快建设新型电力系统。构建新能源占比逐渐提高的新型电力系统，推动清洁电力资源大范围优化配置。大力提升电力系统综合调节能力，加快灵活调节电源建设，引导自备电厂、传统高载能工业负荷、工商业可中断负荷、电动汽车充电网络、虚拟电厂等参与系统调节，建设坚强智能电网，提升电网安全保障水平。积极发展"新能源+储能"、源网荷储一体化和多能互补，支持分布式新能源合理配置储能系统。制定新一轮抽水蓄能电站中长期发展规划，完善促进抽水蓄能发展的政策机制。加快新型储能示范推广应用。深化电力体制改革，加快构建全国统一电力市场体系。到2025年，新型储能装机容量达到3 000万千瓦以上。到2030年，抽水蓄能电站装机容量达到1.2亿千瓦左右，省级电网基本具备5%以上的尖峰负荷响应能力。

（二）节能降碳增效行动。

落实节约优先方针，完善能源消费强度和总量双控制度，严格控制能耗强度，合理控制能源消费总量，推动能源消费革命，建设能源节约型社会。

1. 全面提升节能管理能力。推行用能预算管理，强化固定资产投资项目节能审查，对项目用能和碳排放情况进行综合评价，从源头推进节能降碳。提高节能管理信息化水平，完善重点用能单位能耗在线监测系统，建立全国性、行业性节能技术推广服务平台，推动高耗能企业建立能源管理中心。完善能源计量体系，鼓励采用认证手段提升节能管理水平。加强节能监察能力建设，健全省、市、县三级节能监察体系，建立跨部门联动机制，综合运用行政处罚、信用监管、绿色电价等手段，增强节能监察约束力。

2. 实施节能降碳重点工程。实施城市节能降碳工程，开展建筑、交通、照明、供热等基础设施节能升级改造，推进先进绿色建筑技术示范应用，推动城市综合能效提升。实施园区节能降碳工程，以高耗能高排放项目（以下称"两高"项目）集聚度高的园区为重点，推动能源系统优化和梯级利用，打造一批达到国际先进水平的节能低碳园区。实施重点行业节能降碳工程，推动电力、钢铁、有色金属、建材、石化化工等行业开展节能降碳改造，提升能源资源利用效率。实施重大节能降碳技术示范工程，支持已取得突破的绿色低碳关键技术开展产业化示范应用。

3. 推进重点用能设备节能增效。以电机、风机、泵、压缩机、变压器、换热器、工业锅炉等设备为重点，全面提升能效标准。建立以能效为导向的激励约束机制，推广先进高效产品设备，加快淘汰落后低效设备。加强重点用能设备节能审查和日常监管，强化生产、经营、销售、使用、报废全链条管理，严厉打击违法违规行为，确保能效标准和节能要求全面落实。

4. 加强新型基础设施节能降碳。优化新型基础设施空间布局，统筹谋划、科学配置数据中心等新型基础设施，避免低水平重复建设。优化新型基础设施用能结构，采用直流供电、分布式储能、"光伏+储能"等模式，探索多样化能源供应，提高非化石能源消费比重。对标国际先进水平，加快完善通信、运算、存储、传输等设备能效标准，提升准入门槛，淘汰落后设备和技术。加强新型基础设施用能管理，将年综合能耗超过1万吨标准煤的数据中心全部纳入重点用能单位能耗在线监测系统，开展能源计量审查。推动既有设施绿色升级改造，积极推广使用高效制冷、先进通风、余热利用、智能化用能控制等技术，提高设施能效水平。

（三）工业领域碳达峰行动。

工业是产生碳排放的主要领域之一，对全国整体实现碳达峰具有重要影响。工业领域要加快绿色低碳转型和高质量发展，力争率先实现碳达峰。

1. 推动工业领域绿色低碳发展。优化产业结构，加快退出落后产能，大力发展战略性新兴产业，加快传统产业绿色低碳改造。促进工业能源消费低碳化，推动化石能源清洁高效利用，提高可再生能源应用比重，加强电力需求侧管理，提升工业电气化水平。深入实施绿色制造工程，大力推行绿色设计，完善绿色制造体系，建设绿色工厂和绿色工业园区。推进工业领域数字化智能化绿色化融合发展，加强重点行业和领域技术改造。

2. 推动钢铁行业碳达峰。深化钢铁行业供给侧结构性改革，严格执行产能置换，严禁新增产能，推进存量优化，淘汰落后产能。推进钢铁企业跨地区、跨所有制兼并重组，提高行业集中度。优化生产力布局，以京津冀及周边地区为重点，继续压减钢铁产能。促进钢铁行业结构优化和清洁能源替代，大力推进非高炉炼铁技术示范，提升废钢资源回收利用水平，推行全废钢电炉工艺。推广先进适用技术，深挖节能降碳潜力，鼓励钢化联产，探索开展氢冶金、二氧化碳捕集利用一体化等试点示范，推动低品位余热供暖发展。

3. 推动有色金属行业碳达峰。巩固化解电解铝过剩产能成果，严格执行产能置换，严控新增产能。推进清洁能源替代，提高水电、风电、太阳能发电等应用比重。加快再生有色金属产业发展，完善废弃有色金属资源回收、分选和加工网络，提高再生有色金属产量。加快推广应用先进适用绿色低碳技术，提升有色金属生产过程余热回收水平，推动单位产品能耗持续下降。

4. 推动建材行业碳达峰。加强产能置换监管，加快低效产能退出，严禁新增水泥熟料、平板玻璃产能，引导建材行业向轻型化、集约化、制品化转型。推动水泥错峰生产常态化，合理缩短水泥熟料装置运转时间。因地制宜利用风能、太阳能等可再生能源，逐步提高电力、天然气应用比重。鼓励建材企业使用粉煤灰、工业废渣、尾矿渣等作为原料或水泥混合材。加快推进绿色建材产品认证和应用推广，加强新型胶凝材料、低碳混凝土、木竹建材等低碳建材产品研发应用。推广节能技术设备，开展能源管理体系建设，实现节能增效。

5. 推动石化化工行业碳达峰。优化产能规模和布局，加大落后产能淘汰力度，有效化解结构性过剩矛盾。严格项目准入，合理安排建设时序，严控新增炼油和传统煤化工生产能力，稳妥有序发展现代煤化工。引导企业转变用能方式，鼓励以电力、天然气等替代煤炭。调整原料结构，控制新增原料用煤，拓展富氢原料进口来源，推动石化化工原料轻质化。优化产品结构，促进石化化工与煤炭开采、冶金、建材、化纤等产业协同发展，加强炼厂干气、液化气等副产气体高效利用。鼓励企业节能升级改造，推动能量梯级利用、物料循环利用。到2025年，国内原油一次加工能力控制在10亿吨以内，主要产品产能利用率提升至80%以上。

6. 坚决遏制"两高"项目盲目发展。采取强有力措施，对"两高"项目实行清单管理、分类处置、动态监控。全面排查在建项目，对能效水平低于本行业能耗限额准入值的，按有关规定停工整改，推动能效水平应提尽提，力争全面达到国内乃至国际先进水平。科学评估拟建项目，对产能已饱和的行业，按照"减量替代"原则压减产能；对产能尚未饱和的行业，按照国家布局和审批备案等要求，对标国际先进水平提高准入门槛；对能耗量较大的新兴产业，支持引导企业应用绿色低碳技术，提高能效水平。深入挖潜存量项目，加快淘汰落后产能，通过改造升级挖掘节能减排潜力。强化常态化监管，坚决拿下不符合要求的"两高"项目。

（四）城乡建设碳达峰行动。

加快推进城乡建设绿色低碳发展，城市更新和乡村振兴都要落实绿色低碳要求。

1. 推进城乡建设绿色低碳转型。推动城市组团式发展，科学确定建设规模，控制新增建设用地过快增长。倡导绿色低碳规划设计理念，增强城乡气候韧性，建设海绵城市。推广绿色低碳建材和绿色建造方式，加快推进新型建筑工业化，大力发展装配式建筑，推广钢结构住宅，推动建材循环利用，强化绿色设计和绿色施工管理。加强县城绿色低碳建设。推动建立以绿色低碳为导向的城乡规划建设管理机制，制定建筑拆除管理办法，杜绝大拆大建。建设绿色城镇、绿色社区。

2. 加快提升建筑能效水平。加快更新建筑节能、市政基础设施等标准，提高节能降碳要求。加强适用于不同气候区、不同建筑类型的节能低碳技术研发和推广，推动超低能耗建筑、低碳建筑规模化发展。加快推进居住建筑和公共建筑节能改造，持续推动老旧供热管网等市政基础设施节能降碳改造。提升城镇建筑和基础设施运行管理智能化水平，加快推广供热计量收费和合同能源管理，逐步开展公共建筑能耗限额管理。到2025年，城镇新建建筑全面执行绿色建筑标准。

3. 加快优化建筑用能结构。深化可再生能源建筑应用，推广光伏发电与建筑一体化应用。积极推动严寒、寒冷地区清洁取暖，推进热电联产集中供暖，加快工业余热供暖规模化应用，积极稳妥开展核能供热示范，因地制宜推行热泵、生物质能、地热能、太阳能等清洁低碳供暖。引导夏热冬冷地区科学取暖，因地制宜采用清洁高效取暖方式。提高建筑终端电气化水平，建设集光伏发电、储能、直流配电、柔性用电于一体的"光储直柔"建筑。到2025年，城镇建筑可再生能源替代率达到8%，新建公共机构建筑、新建厂房屋顶光伏覆盖率力争达到50%。

4. 推进农村建设和用能低碳转型。推进绿色农房建设，加快农房节能改造。持续推进农村地区清洁取暖，因地制宜选择适宜取暖方式。发展节能低碳农业大棚。推广节能环保灶具、电动农用车辆、节能环保农机和渔船。加快生物质能、太阳能等可再生能源在农业生产和农村生活中的应用。加强农村电网建设，提升农村用能电气化水平。

（五）交通运输绿色低碳行动。

加快形成绿色低碳运输方式，确保交通运输领域碳排放增长保持在合理区间。

1. 推动运输工具装备低碳转型。积极扩大电力、氢能、天然气、先进生物液体燃料等新能源、清洁能源在交通运输领域应用。大力推广新能源汽车，逐步降低传统燃油汽车在新车产销和汽车保有量中的占比，推动城市公共服务车辆电动化替代，推广电力、氢燃料、液化天然气动力重型货运车辆。提升铁路系统电气化水平。加快老旧船舶更新改造，发展电动、液化天然气动力船舶，深入推进船舶靠港使用岸电，因地制宜开展沿海、内河绿色智能船舶示范应用。提升机场运行电动化智能化水平，发展新能源航空器。到2030年，当年新增新能源、清洁能源动力的交通工具比例达到40%左右，营运交通工具单位换算周转量碳排放强度比2020年下降9.5%左右，国家铁路单位换算周转量综合能耗比2020年下降10%。陆路交通运输石油消费力争2030年前达到峰值。

2. 构建绿色高效交通运输体系。发展智能交通，推动不同运输方式合理分工、有效衔接，降低空载率和不合理客货运周转量。大力发展以铁路、水路为骨干的多式联运，推进工矿企业、港口、物流园区等铁路专用线建设，加快内河高等级航道网建设，加快大宗货物和中长距离货物运输"公转铁""公转水"。加快先进适用技术应用，提升民航运行管理效率，引导航空企业加强智慧运行，实现系统化节能降碳。加快城乡物流配送体系建设，创新绿色低碳、集约高效的配送模式。打造高效衔接、快捷舒适的公共交通服务体系，积极引导公众选择绿色低碳交通方式。"十四五"期间，集装箱铁水联运量年均增长15%以上。到2030年，城区常住人口100万以上的城市绿色出行比例不低于70%。

3. 加快绿色交通基础设施建设。将绿色低碳理念贯穿于交通基础设施规划、建设、运营和维护全过程，降低全生命周期能耗和碳排放。开展交通基础设施绿色化提升改造，统筹利用综合运输通道线位、土地、空域等资源，加大岸线、锚地等资源整合力度，提高利用效率。有序推进充电桩、配套电网、加注（气）站、加氢站等基础设施建设，提升城市公共交通基础设施水平。到2030年，民用运输机场场内车辆装备等力争全面实现电动化。

（六）循环经济助力降碳行动。

抓住资源利用这个源头，大力发展循环经济，全面提高资源利用效率，充分发挥减少资源消耗和降碳的协同作用。

1. 推进产业园区循环化发展。以提升资源产出率和循环利用率为目标，优化园区空间布局，开展园区循环化改造。推动园区企业循环式生产、产业循环式组合，组织企业实施清洁生产改造，促进废物综合利用、能量梯级利用、水资源循环利用，推进工业余压余热、废气废液废渣资源化利用，积极推广集中供气供热。搭建基础设施和公共服务共享平台，加强园区物质流管理。到2030年，省级以上重点产业园区全部实施循环化改造。

2. 加强大宗固废综合利用。提高矿产资源综合开发利用水平和综合利用率，以煤矸石、粉煤灰、尾矿、共伴生矿、冶炼渣、工业副产石膏、建筑垃圾、农作物秸秆等大宗固废为重点，支持大掺量、规模化、高值化利用，鼓励应用于替代原生非金属矿、砂石等资源。在确保安全环保前提下，探索将磷石膏应用于土壤改良、井下充填、路基修筑等。推动建筑垃圾资源化利用，推广废弃路面材料原地再生利用。加快推进秸秆高值化利用，完善收储运体系，严格禁烧管控。加快大宗固废综合利用示范建设。到2025年，大宗固废年利用量达到40亿吨左右；到2030年，年利用量达到45亿吨左右。

3. 健全资源循环利用体系。完善废旧物资回收网络，推行"互联网＋"回收模式，实现再生资源应收尽收。加强再生资源综合利用行业规范管理，促进产业集聚发展。高水平建设现代化"城市矿产"基地，推动再生资源规范化、规模化、清洁化利用。推进退役动力电池、光伏组件、风电机组叶片等新兴产业废物循环利用。促进汽车零部件、工程机械、文办设备等再制造产业高质量发展。加强资源再生产品和再制造产品推广应用。到2025年，废钢铁、废铜、废铝、废铅、废锌、废纸、废塑料、废橡胶、废玻璃等9种主要再生资源循环利用量达到4.5亿吨，到2030年达到5.1亿吨。

4. 大力推进生活垃圾减量化资源化。扎实推进生活垃圾分类，加快建立覆盖全社会的生活垃圾收运处置体系，全面实现分类投放、分类收集、分类运输、分类处理。加强塑料污染全链条治理，整治过度包装，推动生活垃圾源头减量。推进生活垃圾焚烧处理，降低填埋比例，探索适合我国厨余垃圾特性的资源化利用技术。推进污水资源化利用。到2025年，城市生活垃圾分类体系基本健全，生活垃圾资源化利用比例提升至60%左右。到2030年，城市生活垃圾分类实现全覆盖，生活垃圾资源化利用比例提升至65%。

（七）绿色低碳科技创新行动。

发挥科技创新的支撑引领作用，完善科技创新体制机制，强化创新能力，加快绿色低碳科技革命。

1. 完善创新体制机制。制定科技支撑碳达峰碳中和行动方案，在国家重点研发计划中设立碳达峰碳中和关键技术研究与示范等重点专项，采取"揭榜挂帅"机制，开展低碳零碳负碳关键核心技术攻关。将绿色低碳技术创新成果纳入高等学校、科研单位、国有企业有关绩效考核。强化企业创新主体地位，支持企业承担国家绿色低碳重大科技项目，鼓励设施、数据等资源开放共享。推进国家绿色技术交易中心建设，加快创新成果转化。加强绿色低碳技术和产品知识产权保护。完善绿色低碳技术和产品检测、评估、认证体系。

2. 加强创新能力建设和人才培养。组建碳达峰碳中和相关国家实验室、国家重点实验室和国家技术创新中心，适度超前布局国家重大科技基础设施，引导企业、高等学校、科研单位共建一批国家绿色低碳产业创新中心。创新人才培养模式，鼓励高等学校加快新能源、储能、氢能、碳减排、碳汇、碳排放权交易等学科建设和人才培养，建设一批绿色低碳领域未来技术学院、现代产业学院和示范性能源学院。深化产教融合，鼓励校企联合开展产学合作协同育人项目，组建碳达峰碳中和产教融合发展联盟，建设一批国家储能技术产教融合创新平台。

3. 强化应用基础研究。实施一批具有前瞻性、战略性的国家重大前沿科技项目，推动低碳零碳负碳技术装备研发取得突破性进展。聚焦化石能源绿色智能开发和清洁低碳利用、可再生能源大规模利用、新型电力系统、节能、氢能、储能、动力电池、二氧化碳捕集利用与封存等重点，深化应用基础研究。积极研发先进核电技术，加强可控核聚变等前沿颠覆性技术研究。

4. 加快先进适用技术研发和推广应用。集中力量开展复杂大电网安全稳定运行和控制、大容量风电、高效光伏、大功率液化天然气发动机、大容量储能、低成本可再生能源制氢、低成本二氧化碳捕集利用与封存等技术创新，加快碳纤维、气凝胶、特种钢材等基础材料研发，补齐关键零部件、元器件、软件等短板。推广先进成熟绿色低碳技术，开展示范应用。建设全流程、集成化、规模化二氧化碳捕集利用与封存示范项目。推进熔盐储能供热和发电示范应用。加快氢能技术研发和示范应用，探索在工业、交通运输、建筑等领域规模化应用。

（八）碳汇能力巩固提升行动。

坚持系统观念，推进山水林田湖草沙一体化保护和修复，提高生态系统质量和稳定性，提升生态系统碳汇增量。

1. 巩固生态系统固碳作用。结合国土空间规划编制和实施，构建有利于碳达峰、碳中和的国土空间开发保护格局。严守生态保护红线，严控生态空间占用，建立以国家公园为主体的自然保护地体系，稳定现有森林、草原、湿地、海洋、土壤、冻土、岩溶等固碳作用。严格执行土地使用标准，加强节约集约用地评价，推广节地技术和节地模式。

2. 提升生态系统碳汇能力。实施生态保护修复重大工程。深入推进大规模国土绿化行动，巩固退耕还林还草成果，扩大林草资源总量。强化森林资源保护，实施森林质量精准提升工程，提高森林质量和稳定性。加强草原生态保护修复，提高草原综合植被盖度。加强河湖、湿地保护修复。整体推进海洋生态系统保护和修复，提升红树林、海草床、盐沼等固碳能力。加强退化土地修复治理，开展荒漠化、石漠化、水土流失综合治理，实施历史遗留矿山生态修复工程。到2030年，全国森林覆盖率达到25%左右，森林蓄积量达到190亿立方米。

3. 加强生态系统碳汇基础支撑。依托和拓展自然资源调查监测体系，利用好国家林草生态综合监测评价成果，建立生态系统碳汇监测核算体系，开展森林、草原、湿地、海洋、土壤、冻土、岩溶等碳汇本底调查、碳储量评估、潜力分析，实施生态保护修复碳汇成效监测评估。加强陆地和海洋生态系统碳汇基础理论、基础方法、前沿颠覆性技术研究。建立健全能够体现碳汇价值的生态保护补偿机制，研究制定碳汇项目参与全国碳排放权交易相关规则。

4. 推进农业农村减排固碳。大力发展绿色低碳循环农业，推进农光互补、"光伏＋设施农业""海上风电＋海洋牧场"等低碳农业模式。研发应用增汇型农业技术。开展耕地质量提升行动，实施国家黑土地保护工程，提升土壤有机碳储量。合理控制化肥、农药、地膜使用量，实施化肥农药减量替代计划，加强农作物秸秆综合利用和畜禽粪污资源化利用。

（九）绿色低碳全民行动。

增强全民节约意识、环保意识、生态意识，倡导简约适度、绿色低碳、文明健康的生活方式，把绿色理念转化为全体人民的自觉行动。

1. 加强生态文明宣传教育。将生态文明教育纳入国民教育体系，开展多种形式的资源环境国情教育，普及碳达峰、碳中和基础知识。加强对公众的生态文明科普教育，将绿色低碳理念有机融入文艺作品，制作文创产品和公益广告，持续开展世界地球日、世界环境日、全国节能宣传周、全国低碳日等主题宣传活动，增强社会公众绿色低碳意识，推动生态文明理念更加深入人心。

2. 推广绿色低碳生活方式。坚决遏制奢侈浪费和不合理消费，着力破除奢靡铺张的歪风陋习，坚决制止餐饮浪费行为。在全社会倡导节约用能，开展绿色低碳社会行动示范创建，深入推进绿色生活创建行动，评选宣传一批优秀示范典型，营造绿色低碳生活新风尚。大力发展绿色消费，推广绿色低碳产品，完善绿色产品认证与标识制度。提升绿色产品在政府采购中的比例。

3. 引导企业履行社会责任。引导企业主动适应绿色低碳发展要求，强化环境责任意识，加强能源资源节约，提升绿色创新水平。重点领域国有企业特别是中央企业要制定实施企业碳达峰行动方案，发挥示范引领作用。重点用能单位要梳理核算自身碳排放情况，深入研究碳减排路径，"一企一策"制定专项工作方案，推进节能降碳。相关上市公司和发债企业要按照环境信息依法披露要求，定期公布企业碳排放信息。充分发挥行业协会等社会团体作用，督促企业自觉履行社会责任。

4. 强化领导干部培训。将学习贯彻习近平生态文明思想作为干部教育培训的重要内容，各级党校（行政学院）要把碳达峰、碳中和相关内容列入教学计划，分阶段、多层次对各级领导干部开展培训，普及科学知识，宣讲政策要点，强化法治意识，深化各级领导干部对碳达峰、碳中和工作重要性、紧迫性、科学性、系统性的认识。从事绿色低碳发展相关工作的领导干部要尽快提升专业素养和业务能力，切实增强推动绿色低碳发展的本领。

（十）各地区梯次有序碳达峰行动。

各地区要准确把握自身发展定位，结合本地区经济社会发展实际和资源环境禀赋，坚持分类施策、因地制宜、上下联动，梯次有序推进碳达峰。

1. 科学合理确定有序达峰目标。碳排放已经基本稳定的地区要巩固减排成果，在率先实现碳达峰的基础上进一步降低碳排放。产业结构较轻、能源结构较优的地区要坚持绿色低碳发展，坚决不走依靠"两高"项目拉动经济增长的老路，力争率先实现碳达峰。产业结构偏重、能源结构偏煤的地区和资源型地区要把节能降碳摆在突出位置，大力优化调整产业结构和能源结构，逐步实现碳排放增长与经济增长脱钩，力争与全国同步实现碳达峰。

2. 因地制宜推进绿色低碳发展。各地区要结合区域重大战略、区域协调发展战略和主体功能区战略，从实际出发推进本地区绿色低碳发展。京津冀、长三角、粤港澳大湾区等区域要发挥高质量发展动力源和增长极作用，率先推动经济社会发展全面绿色转型。长江经济带、黄河流域和国家生态文明试验区要严格落实生态优先、绿色发展战略导向，在绿色低碳发展方面走在全国前列。中西部和东北地区要着力优化能源结构，按照产业政策和能耗双控要求，有序推动高耗能行业向清洁能源优势地区集中，积极培育绿色发展动能。

3. 上下联动制定地方达峰方案。各省、自治区、直辖市人民政府要按照国家总体部署，结合本地区资源环境禀赋、产业布局、发展阶段等，坚持全国一盘棋，不抢跑，科学制定本地区碳达峰行动方案，提出符合实际、切实可行的碳达峰时间表、路线图、施工图，避免"一刀切"限电限产或运动式"减碳"。各地区碳达峰行动方案经碳达峰碳中和工作领导小组综合平衡、审核通过后，由地方自行印发实施。

4. 组织开展碳达峰试点建设。加大中央对地方推进碳达峰的支持力度，选择100个具有典型代表性的城市和园区开展碳达峰试点建设，在政策、资金、技术等方面对试点城市和园区给予支持，加快实现绿色低碳转型，为全国提供可操作、可复制、可推广的经验做法。

四、国际合作

（一）深度参与全球气候治理。大力宣传习近平生态文明思想，分享中国生态文明、绿色发展理念与实践经验，为建设清洁美丽世界贡献中国智慧、中国方案、中国力量，共同构建人与自然生命共同体。主动参与全球绿色治理体系建设，坚持共同但有区别的责任原则、公平原则和各自能力原则，坚持多边主义，维护以联合国为核心的国际体系，推动各方全面履行《联合国气候变化框架公约》及其《巴黎协定》。积极参与国际航运、航空减排谈判。

（二）开展绿色经贸、技术与金融合作。优化贸易结构，大力发展高质量、高技术、高附加值绿色产品贸易。加强绿色标准国际合作，推动落实合格评定合作和互认机制，做好绿色贸易规则与进出口政策的衔接。加强节能环保产品和服务进出口。加大绿色技术合作力度，推动开展可再生能源、储能、氢能、二氧化碳捕集利用与封存等领域科研合作和技术交流，积极参与国际热核聚变实验堆计划等国际大科学工程。深化绿色金融国际合作，积极参与碳定价机制和绿色金融标准体系国际宏观协调，与有关各方共同推动绿色低碳转型。

（三）推进绿色"一带一路"建设。秉持共商共建共享原则，弘扬开放、绿色、廉洁理念，加强与共建"一带一路"国家的绿色基建、绿色能源、绿色金融等领域合作，提高境外项目环境可持续性，打造绿色、包容的"一带一路"能源合作伙伴关系，扩大新能源技术和产品出口。发挥"一带一路"绿色发展国际联盟等合作平台作用，推动实施《"一带一路"绿色投资原则》，推进"一带一路"应对气候变化南南合作计划和"一带一路"科技创新行动计划。

五、政策保障

（一）建立统一规范的碳排放统计核算体系。加强碳排放统计核算能力建设，深化核算方法研究，加快建立统一规范的碳排放统计核算体系。支持行业、企业依据自身特点开展碳排放核算方法学研究，建立健全碳排放计量体系。推进碳排放实测技术发展，加快遥感测量、大数据、云计算等新兴技术在碳排放实测技术领域的应用，提高统计核算水平。积极参与国际碳排放核算方法研究，推动建立更为公平合理的碳排放核算方法体系。

（二）健全法律法规标准。构建有利于绿色低碳发展的法律体系，推动能源法、节约能源法、电力法、煤炭法、可再生能源法、循环经济促进法、清洁生产促进法等制定修订。加快节能标准更新，修订一批能耗限额、产品设备能效强制性国家标准和工程建设标准，提高节能降碳要求。健全可再生能源标准体系，加快相关领域标准制定修订。建立健全氢制、储、输、用标准。完善工业绿色低碳标准体系。建立重点企业碳排放核算、报告、核查等标准，探索建立重点产品全生命周期碳足迹标准。积极参与国际能效、低碳等标准制定修订，加强国际标准协调。

（三）完善经济政策。各级人民政府要加大对碳达峰、碳中和工作的支持力度。建立健全有利于绿色低碳发展的税收政策体系，落实和完善节能节水、资源综合利用等税收优惠政策，更好发挥税收对市场主体绿色低碳发展的促进作用。完善绿色电价政策，健全居民阶梯电价制度和分时电价政策，探索建立分时电价动态调整机制。完善绿色金融评价机制，建立健全绿色金融标准体系。大力发展绿色贷款、绿色股权、绿色债券、绿色保险、绿色基金等金融工具，设立碳减排支持工具，引导金融机构为绿色低碳项目提供长期限、低成本资金，鼓励开发性政策性金融机构按照市场化法治化原则为碳达峰行动提供长期稳定融资支持。拓展绿色债券市场的深度和广度，支持符合条件的绿色企业上市融资、挂牌融资和再融资。研究设立国家低碳转型基金，支持传统产业和资源富集地区绿色转型。鼓励社会资本以市场化方式设立绿色低碳产业投资基金。

（四）建立健全市场化机制。发挥全国碳排放权交易市场作用，进一步完善配套制度，逐步扩大交易行业范围。建设全国用能权交易市场，完善用能权有偿使用和交易制度，做好与能耗双控制度的衔接。统筹推进碳排放权、用能权、电力交易等市场建设，加强市场机制间的衔接与协调，将碳排放权、用能权交易纳入公共资源交易平台。积极推行合同能源管理，推广节能咨询、诊断、设计、融资、改造、托管等"一站式"综合服务模式。

六、组织实施

（一）加强统筹协调。加强党中央对碳达峰、碳中和工作的集中统一领导，碳达峰碳中和工作领导小组对碳达峰相关工作进行整体部署和系统推进，统筹研究重要事项、制定重大政策。碳达峰碳中和工作领导小组成员单位要按照党中央、国务院决策部署和领导小组工作要求，扎实推进相关工作。碳达峰碳中和工作领导小组办公室要加强统筹协调，定期对各地区和重点领域、重点行业工作进展情况进行调度，科学提出碳达峰分步骤的时间表、路线图，督促将各项目标任务落实落细。

（二）强化责任落实。各地区各有关部门要深刻认识碳达峰、碳中和工作的重要性、紧迫性、复杂性，切实扛起责任，按照《中共中央　国务院关于完整准确全面贯彻新发展理念做好碳达峰碳中和工作的意见》和本方案确定的主要目标和重点任务，着力抓好各项任务落实，确保政策到位、措施到位、成效到位，落实情况纳入中央和省级生态环境保护督察。各相关单位、人民团体、社会组织要按照国家有关部署，积极发挥自身作用，推进绿色低碳发展。

（三）严格监督考核。实施以碳强度控制为主、碳排放总量控制为辅的制度，对能源消费和碳排放指标实行协同管理、协同分解、协同考核，逐步建立系统完善的碳达峰碳中和综合评价考核制度。加强监督考核结果应用，对碳达峰工作成效突出的地区、单位和个人按规定给予表彰奖励，对未完成目标任务的地区、部门依规依法实行通报批评和约谈问责。各省、自治区、直辖市人民政府要组织开展碳达峰目标任务年度评估，有关工作进展和重大问题要及时向碳达峰碳中和工作领导小组报告。

6.《关于做好2022年企业温室气体排放报告管理相关重点工作的通知》

各省、自治区、直辖市生态环境厅（局），新疆生产建设兵团生态环境局：

为加强企业温室气体排放数据管理工作，强化数据质量监督管理，现将2022年企业温室气体排放报告管理有关重点工作要求通知如下。

一、发电行业重点任务

请各省级生态环境主管部门依据《碳排放权交易管理办法（试行）》有关规定，组织开展以下温室气体排放报告管理重点工作。

（一）组织发电行业重点排放单位报送2021年度温室气体排放报告

组织2020和2021年任一年温室气体排放量达2.6万吨二氧化碳当量（综合能源消费量约1万吨标准煤）及以上的发电行业企业或其他经济组织（发电行业子类见附件1）（以下简称重点排放单位），于2022年3月31日前按照《企业温室气体排放核算方法与报告指南　发电设施》（环办气候〔2021〕9号）要求核算2021年度排放量（其中电网排放因子调整为0.581 0 tCO$_2$/MWh），编制排放报告，并通过环境信息平台（http：//permit.mee.gov.cn）填报相关信息、上传支撑材料。符合上述年度排放量要求的自备电厂（不限于附件1所列行业），视同发电行业重点排放单位。

组织发电行业重点排放单位依法开展信息公开，按照《企业温室气体排放核算方法与报告指南　发电设施（2022年修订版）》（见附件2）的信息公开格式要求，在2022年3月31日前通过环境信息平台公布全国碳市场第一个履约周期（2019—2020年度）经核查的温室气体排放相关信息。涉及国家秘密和商业秘密的，由重点排放单位向省级生态环境主管部门依法提供证明材料，删减相关涉密信息后公开其余信息。

（二）组织开展对发电行业重点排放单位2021年度排放报告的核查

按照《企业温室气体排放报告核查指南（试行）》要求，于2022年6月30日前，完成对发电行业重点排放单位2021年度排放报告的核查，包括组织开展核查、告知核查结果、处理异议并作出复核决定、完成系统填报和向我部（应对气候变化司）书面报告等。

省级生态环境主管部门应通过生态环境专网登录全国碳排放数据报送系统管理端，进行核查任务分配和核查工作管理。组织核查技术服务机构通过环境信息平台（全国碳排放数据报送系统核查端）注册账户并进行核查信息填报。

（三）加强对核查技术服务机构的管理

通过政府购买服务的方式委托技术服务机构配合开展核查工作的，应根据《企业温室气体排放报告核查指南（试行）》有关规定和格式要求，对编制2019—2021年核查报告的技术服务机构工作质量、合规性、及时性等进行评估，评估结果于2022年7月30日前通过环境信息平台向社会公开。

（四）更新数据质量控制计划，组织开展信息化存证

组织发电行业重点排放单位，按照《企业温室气体排放核算方法与报告指南　发电设施（2022年修订版）》要求，于2022年3月31日前通过环境信息平台更新数据质量控制计划，并依据更新的数据质量控制计划，自2022年4月起在每月结束后的40日内，通过具有中国计量认证（CMA）资质或经过中国合格评定国家认可委员会（CNAS）认可的检验检测机构对元素碳含量等参数进行检测，并对以下台账和原始记录通过环境信息平台进行存证：

1. 发电设施月度燃料消耗量、燃料低位发热量、元素碳含量、购入使用电量等与碳排放量核算相关的参数数据及其盖章版台账记录扫描文件；

2. 检验检测报告原件的电子扫描件，检测参数应至少包括样品元素碳含量、氢含量、全硫、水分等参数，报告加盖CMA资质认定标志或CNAS认可标识章；

3. 发电设施月度供电量、供热量、负荷系数等与配额核算与分配相关的生产数据及其盖章版台账记录原件扫描文件。

温室气体排放报告所涉数据的原始记录和管理台账应当至少保存5年，鼓励地方组织有条件的重点排放单位探索开展自动化存证。

（五）确定并公开2022年度重点排放单位名录

根据核查结果，将2020和2021年任一年温室气体排放量达2.6万吨二氧化碳当量，并拥有纳入配额管理的机组判定标准（见附件3）的发电行业重点排放单位，纳入2022年度全国碳排放权交易市场配额管理的重点排放单位名录。名录及其调整情况于2022年6月30日前在省级生态环境主管部门官方网站向社会公开，并书面向我部（应对气候变化司）报告，抄送全国碳排放权注册登记机构（湖北碳排放权交易中心）和全国碳排放权交易机构（上海环境能源交易所）。

新列入名录的重点排放单位，应于2022年9月30日前分别向全国碳排放权

注册登记机构和全国碳排放权交易机构报送全国碳排放权注册登记系统和交易系统开户申请材料（注册登记系统开户材料模板下载地址为http：//www.hbets.cn/view/1242.html。交易系统开户材料模板下载地址为https：//www.cneeex.com/tpfjy/fw/zhfw/qgtpfqjy/）。

尚未完成2019—2020年度（第一个履约周期）重点排放单位名录以及依据《关于加强企业温室气体排放报告管理相关工作的通知》（环办气候〔2021〕9号）报送的本行政区域纳入全国碳排放权交易市场配额管理的重点排放单位名录（2021年度名录）信息公开的，省级生态环境主管部门应于2022年3月31日前在其官方网站向社会公开，并报送全国碳排放权注册登记机构和全国碳排放权交易机构。

（六）强化日常监管

组织设区的市级生态环境主管部门，按照"双随机、一公开"的方式对名录内的重点排放单位进行日常监管与执法，重点包括名录的准确性，企业数据质量控制计划的有效性和各项措施的落实情况，企业依法开展信息公开的执行情况，投诉举报和上级生态环境主管部门转办交办有关问题线索的查实情况等。对核实的问题要督促企业整改，每季度汇总、检查设区的市级生态环境主管部门日常监管工作的执行情况，分别于2022年4月15日、7月15日、10月21日，2023年1月13日前向我部（应对气候变化司）报告上一季度的日常监管执行情况。

二、其他行业重点任务

（一）组织其他行业企业报送2021年度温室气体排放报告

组织2020和2021年任一年温室气体排放量达2.6万吨二氧化碳当量（综合能源消费量约1万吨标准煤）及以上的石化、化工、建材、钢铁、有色、造纸、民航行业重点企业（具体行业子类见附件1），根据相应行业企业温室气体排放核算方法与报告指南、补充数据表（在环境信息平台下载，其中电网排放因子调整为0.581 0 tCO₂/MWh）要求，于2022年9月30日前核算2021年度排放量并编制排放报告，通过环境信息平台报告温室气体排放情况、有关生产情况、相关支撑材料以及编制温室气体排放报告的技术服务机构信息。

（二）组织开展其他行业企业温室气体排放报告的核查

2022年12月31日前，按照《企业温室气体排放报告核查指南（试行）》要求，完成对发电行业以外的其他行业重点排放单位2021年度排放报告的核查工作。

三、保障措施

（一）严格整改落实

针对我部在碳排放数据质量监督帮扶专项行动中通报的典型案例，各地方应进一步核实整改。将被通报的重点排放单位列为日常监管的重点对象，对查实的有关违法违规行为依法从严处罚。对于被通报的核查技术服务机构，各地方应审慎委托其承担2021年度核查工作。对于被通报的检验检测机构，各地方应审慎采信其碳排放相关检测报告结果。

（二）加强组织领导

各地方应高度重视温室气体排放报告管理相关工作，加强组织领导，建立实施定期检查与随机抽查相结合的常态化监管执法工作机制，通过加强日常监管等手段切实提高碳排放数据质量。我部将对各地方落实本通知重点任务情况进行监督指导和调研帮扶，对突出问题进行通报。

（三）落实工作经费保障

各地方应落实重点排放单位温室气体排放核查、监督检查以及相关能力建设等碳排放数据质量管理相关工作所需经费，按期保质保量完成相关工作。

（四）加强能力建设

各地方应结合重点排放单位温室气体排放报告和核查工作的实际需要，充实碳排放监督管理和执法队伍力量，做好对技术服务机构的监管。组织开展重点排放单位碳排放数据质量管理相关能力建设，推动加快健全完善企业内部碳排放管理制度，提升碳排放数据质量水平。鼓励有条件的地方探索开展多源数据比对，识别异常数据，增强监管针对性。

落实工作任务中遇到的相关技术、政策问题，可通过全国碳市场帮助平台（环境信息平台"在线客服"悬浮窗）咨询。

特此通知。

附件：1. 覆盖行业及代码（略）

2. 企业温室气体排放核算方法与报告指南发电设施（2022年修订版）（略）

3. 各类机组判定标准（略）

生态环境部办公厅

2022年3月10日

7.《碳排放权登记管理规则（试行）》

第一章　总则

第一条　为规范全国碳排放权登记活动，保护全国碳排放权交易市场各参与方的合法权益，维护全国碳排放权交易市场秩序，根据《碳排放权交易管理办法（试行）》，制定本规则。

第二条　全国碳排放权持有、变更、清缴、注销的登记及相关业务的监督管理，适用本规则。全国碳排放权注册登记机构（以下简称注册登记机构）、全国碳排放权交易机构（以下简称交易机构）、登记主体及其他相关参与方应当遵守本规则。

第三条　注册登记机构通过全国碳排放权注册登记系统（以下简称注册登记系统）对全国碳排放权的持有、变更、清缴和注销等实施集中统一登记。注册登记系统记录的信息是判断碳排放配额归属的最终依据。

第四条 重点排放单位以及符合规定的机构和个人，是全国碳排放权登记主体。

第五条 全国碳排放权登记应当遵循公开、公平、公正、安全和高效的原则。

第二章 账户管理

第六条 注册登记机构依申请为登记主体在注册登记系统中开立登记账户，该账户用于记录全国碳排放权的持有、变更、清缴和注销等信息。

第七条 每个登记主体只能开立一个登记账户。登记主体应当以本人或者本单位名义申请开立登记账户，不得冒用他人或者其他单位名义或者使用虚假证件开立登记账户。

第八条 登记主体申请开立登记账户时，应当根据注册登记机构有关规定提供申请材料，并确保相关申请材料真实、准确、完整、有效。委托他人或者其他单位代办的，还应当提供授权委托书等证明委托事项的必要材料。

第九条 登记主体申请开立登记账户的材料中应当包括登记主体基本信息、联系信息以及相关证明材料等。

第十条 注册登记机构在收到开户申请后，对登记主体提交相关材料进行形式审核，材料审核通过后5个工作日内完成账户开立并通知登记主体。

第十一条 登记主体下列信息发生变化时，应当及时向注册登记机构提交信息变更证明材料，办理登记账户信息变更手续：

（一）登记主体名称或者姓名；

（二）营业执照，有效身份证明文件类型、号码及有效期；

（三）法律法规、部门规章等规定的其他事项。

注册登记机构在完成信息变更材料审核后5个工作日内完成账户信息变更并通知登记主体。

联系电话、邮箱、通讯地址等联系信息发生变化的，登记主体应当及时通过注册登记系统在登记账户中予以更新。

第十二条　登记主体应当妥善保管登记账户的用户名和密码等信息。登记主体登记账户下发生的一切活动均视为其本人或者本单位行为。

第十三条　注册登记机构定期检查登记账户使用情况，发现营业执照、有效身份证明文件与实际情况不符，或者发生变化且未按要求及时办理登记账户信息变更手续的，注册登记机构应当对有关不合格账户采取限制使用等措施，其中涉及交易活动的应当及时通知交易机构。

对已采取限制使用等措施的不合格账户，登记主体申请恢复使用的，应当向注册登记机构申请办理账户规范手续。能够规范为合格账户的，注册登记机构应当解除限制使用措施。

第十四条　发生下列情形的，登记主体或者依法承继其权利义务的主体应当提交相关申请材料，申请注销登记账户：

（一）法人以及非法人组织登记主体因合并、分立、依法被解散或者破产等原因导致主体资格丧失；

（二）自然人登记主体死亡；

（三）法律法规、部门规章等规定的其他情况。

登记主体申请注销登记账户时，应当了结其相关业务。申请注销登记账户期间和登记账户注销后，登记主体无法使用该账户进行交易等相关操作。

第十五条　登记主体如对第十三条所述限制使用措施有异议，可以在措施生效后15个工作日内向注册登记机构申请复核；注册登记机构应当在收到复核申请后10个工作日内予以书面回复。

第三章　登记

第十六条　登记主体可以通过注册登记系统查询碳排放配额持有数量和持有状态等信息。

第十七条 注册登记机构根据生态环境部制定的碳排放配额分配方案和省级生态环境主管部门确定的配额分配结果，为登记主体办理初始分配登记。

第十八条 注册登记机构应当根据交易机构提供的成交结果办理交易登记，根据经省级生态环境主管部门确认的碳排放配额清缴结果办理清缴登记。

第十九条 重点排放单位可以使用符合生态环境部规定的国家核证自愿减排量抵销配额清缴。用于清缴部分的国家核证自愿减排量应当在国家温室气体自愿减排交易注册登记系统注销，并由重点排放单位向注册登记机构提交有关注销证明材料。注册登记机构核验相关材料后，按照生态环境部相关规定办理抵销登记。

第二十条 登记主体出于减少温室气体排放等公益目的自愿注销其所持有的碳排放配额，注册登记机构应当为其办理变更登记，并出具相关证明。

第二十一条 碳排放配额以承继、强制执行等方式转让的，登记主体或者依法承继其权利义务的主体应当向注册登记机构提供有效的证明文件，注册登记机构审核后办理变更登记。

第二十二条 司法机关要求冻结登记主体碳排放配额的，注册登记机构应当予以配合；涉及司法扣划的，注册登记机构应当根据人民法院的生效裁判，对涉及登记主体被扣划部分的碳排放配额进行核验，配合办理变更登记并公告。

第四章 信息管理

第二十三条 司法机关和国家监察机关依照法定条件和程序向注册登记机构查询全国碳排放权登记相关数据和资料的，注册登记机构应当予以配合。

第二十四条 注册登记机构应当依照法律、行政法规及生态环境部相关规定建立信息管理制度，对涉及国家秘密、商业秘密的，按照相关法律法规执行。

第二十五条 注册登记机构应当与交易机构建立管理协调机制，实现注册登记系统与交易系统的互通互联，确保相关数据和信息及时、准确、安全、有效交换。

第二十六条　注册登记机构应当建设灾备系统，建立灾备管理机制和技术支撑体系，确保注册登记系统和交易系统数据、信息安全，实现信息共享与交换。

第五章　监督管理

第二十七条　生态环境部加强对注册登记机构和注册登记活动的监督管理，可以采取询问注册登记机构及其从业人员、查阅和复制与登记活动有关的信息资料，以及法律法规规定的其他措施等进行监管。

第二十八条　各级生态环境主管部门及其相关直属业务支撑机构工作人员，注册登记机构、交易机构、核查技术服务机构及其工作人员，不得持有碳排放配额。已持有碳排放配额的，应当依法予以转让。

任何人在成为前款所列人员时，其本人已持有或者委托他人代为持有的碳排放配额，应当依法转让并办理完成相关手续，向供职单位报告全部转让相关信息并备案在册。

第二十九条　注册登记机构应当妥善保存登记的原始凭证及有关文件和资料，保存期限不得少于20年，并进行凭证电子化管理。

第六章　附则

第三十条　注册登记机构可以根据本规则制定登记业务规则等实施细则。

第三十一条　本规则自公布之日起施行。

8.《碳排放权交易管理规则（试行）》

第一章　总则

第一条　为规范全国碳排放权交易，保护全国碳排放权交易市场各参与方的合法权益，维护全国碳排放权交易市场秩序，根据《碳排放权交易管理办法（试行）》，制定本规则。

第二条　本规则适用于全国碳排放权交易及相关服务业务的监督管理。全国碳排放权交易机构（以下简称交易机构）、全国碳排放权注册登记机构（以下简称注册登记机构）、交易主体及其他相关参与方应当遵守本规则。

第三条　全国碳排放权交易应当遵循公开、公平、公正和诚实信用的原则。

第二章　交易

第四条　全国碳排放权交易主体包括重点排放单位以及符合国家有关交易规则的机构和个人。

第五条　全国碳排放权交易市场的交易产品为碳排放配额，生态环境部可以根据国家有关规定适时增加其他交易产品。

第六条　碳排放权交易应当通过全国碳排放权交易系统进行，可以采取协议转让、单向竞价或者其他符合规定的方式。

协议转让是指交易双方协商达成一致意见并确认成交的交易方式，包括挂牌协议交易及大宗协议交易。其中，挂牌协议交易是指交易主体通过交易系统提交卖出或者买入挂牌申报，意向受让方或者出让方对挂牌申报进行协商并确认成交的交易方式。大宗协议交易是指交易双方通过交易系统进行报价、询价并确认成交的交易方式。

单向竞价是指交易主体向交易机构提出卖出或买入申请，交易机构发布竞价公告，多个意向受让方或者出让方按照规定报价，在约定时间内通过交易系统成交的交易方式。

第七条　交易机构可以对不同交易方式设置不同交易时段，具体交易时段的设置和调整由交易机构公布后报生态环境部备案。

第八条　交易主体参与全国碳排放权交易，应当在交易机构开立实名交易账户，取得交易编码，并在注册登记机构和结算银行分别开立登记账户和资金账户。每个交易主体只能开设一个交易账户。

第九条　碳排放配额交易以"每吨二氧化碳当量价格"为计价单位，买卖申报量的最小变动计量为1吨二氧化碳当量，申报价格的最小变动计量为0.01元人民币。

第十条　交易机构应当对不同交易方式的单笔买卖最小申报数量及最大申报数量进行设定，并可以根据市场风险状况进行调整。单笔买卖申报数量的设定和调整，由交易机构公布后报生态环境部备案。

第十一条　交易主体申报卖出交易产品的数量，不得超出其交易账户内可交易数量。交易主体申报买入交易产品的相应资金，不得超出其交易账户内的可用资金。

第十二条　碳排放配额买卖的申报被交易系统接受后即刻生效，并在当日交易时间内有效，交易主体交易账户内相应的资金和交易产品即被锁定。未成交的买卖申报可以撤销。如未撤销，未成交申报在该日交易结束后自动失效。

第十三条　买卖申报在交易系统成交后，交易即告成立。符合本规则达成的交易于成立时即告交易生效，买卖双方应当承认交易结果，履行清算交收义务。依照本规则达成的交易，其成交结果以交易系统记录的成交数据为准。

第十四条　已买入的交易产品当日内不得再次卖出。卖出交易产品的资金可以用于该交易日内的交易。

第十五条　交易主体可以通过交易机构获取交易凭证及其他相关记录。

第十六条　碳排放配额的清算交收业务，由注册登记机构根据交易机构提供的成交结果按规定办理。

第十七条　交易机构应当妥善保存交易相关的原始凭证及有关文件和资料，保存期限不得少于20年。

第三章 风险管理

第十八条 生态环境部可以根据维护全国碳排放权交易市场健康发展的需要，建立市场调节保护机制。当交易价格出现异常波动触发调节保护机制时，生态环境部可以采取公开市场操作、调节国家核证自愿减排量使用方式等措施，进行必要的市场调节。

第十九条 交易机构应建立风险管理制度，并报生态环境部备案。

第二十条 交易机构实行涨跌幅限制制度。

交易机构应当设定不同交易方式的涨跌幅比例，并可以根据市场风险状况对涨跌幅比例进行调整。

第二十一条 交易机构实行最大持仓量限制制度。交易机构对交易主体的最大持仓量进行实时监控，注册登记机构应当对交易机构实时监控提供必要支持。

交易主体交易产品持仓量不得超过交易机构规定的限额。

交易机构可以根据市场风险状况，对最大持仓量限额进行调整。

第二十二条 交易机构实行大户报告制度。

交易主体的持仓量达到交易机构规定的大户报告标准的，交易主体应当向交易机构报告。

第二十三条 交易机构实行风险警示制度。交易机构可以采取要求交易主体报告情况、发布书面警示和风险警示公告、限制交易等措施，警示和化解风险。

第二十四条 交易机构应当建立风险准备金制度。风险准备金是指由交易机构设立，用于为维护碳排放权交易市场正常运转提供财务担保和弥补不可预见风险带来的亏损的资金。风险准备金应当单独核算，专户存储。

第二十五条 交易机构实行异常交易监控制度。交易主体违反本规则或者交易机构业务规则、对市场正在产生或者将产生重大影响的，交易机构可以对该交易主体采取以下临时措施：

（一）限制资金或者交易产品的划转和交易；

（二）限制相关账户使用。

上述措施涉及注册登记机构的，应当及时通知注册登记机构。

第二十六条　因不可抗力、不可归责于交易机构的重大技术故障等原因导致部分或者全部交易无法正常进行的，交易机构可以采取暂停交易措施。

导致暂停交易的原因消除后，交易机构应当及时恢复交易。

第二十七条　交易机构采取暂停交易、恢复交易等措施时，应当予以公告，并向生态环境部报告。

第四章　信息管理

第二十八条　交易机构应建立信息披露与管理制度，并报生态环境部备案。交易机构应当在每个交易日发布碳排放配额交易行情等公开信息，定期编制并发布反映市场成交情况的各类报表。

根据市场发展需要，交易机构可以调整信息发布的具体方式和相关内容。

第二十九条　交易机构应当与注册登记机构建立管理协调机制，实现交易系统与注册登记系统的互通互联，确保相关数据和信息及时、准确、安全、有效交换。

第三十条　交易机构应当建立交易系统的灾备系统，建立灾备管理机制和技术支撑体系，确保交易系统和注册登记系统数据、信息安全。

第三十一条　交易机构不得发布或者串通其他单位和个人发布虚假信息或者误导性陈述。

第五章　监督管理

第三十二条　生态环境部加强对交易机构和交易活动的监督管理，可以采取询问交易机构及其从业人员、查阅和复制与交易活动有关的信息资料，以及法律法规规定的其他措施等进行监管。

第三十三条　全国碳排放权交易活动中，涉及交易经营、财务或者对碳排放配额市场价格有影响的尚未公开的信息及其他相关信息内容，属于内幕信息。禁止内幕信息的知情人、非法获取内幕信息的人员利用内幕信息从事全国碳排放权交易活动。

第三十四条　禁止任何机构和个人通过直接或者间接的方法，操纵或者扰乱全国碳排放权交易市场秩序、妨碍或者有损公正交易的行为。因为上述原因造成严重后果的交易，交易机构可以采取适当措施并公告。

第三十五条　交易机构应当定期向生态环境部报告的事项包括交易机构运行情况和年度工作报告、经会计师事务所审计的年度财务报告、财务预决算方案、重大开支项目情况等。

交易机构应当及时向生态环境部报告的事项包括交易价格出现连续涨跌停或者大幅波动、发现重大业务风险和技术风险、重大违法违规行为或者涉及重大诉讼、交易机构治理和运行管理等出现重大变化等。

第三十六条　交易机构对全国碳排放权交易相关信息负有保密义务。交易机构工作人员应当忠于职守、依法办事，除用于信息披露的信息之外，不得泄露所知悉的市场交易主体的账户信息和业务信息等信息。交易系统软硬件服务提供者等全国碳排放权交易或者服务参与、介入相关主体不得泄露全国碳排放权交易或者服务中获取的商业秘密。

第三十七条　交易机构对全国碳排放权交易进行实时监控和风险控制，监控内容主要包括交易主体的交易及其相关活动的异常业务行为，以及可能造成市场风险的全国碳排放权交易行为。

第六章　争议处置

第三十八条　交易主体之间发生有关全国碳排放权交易的纠纷，可以自行协商解决，也可以向交易机构提出调解申请，还可以依法向仲裁机构申请仲裁或者向人民法院提起诉讼。

交易机构与交易主体之间发生有关全国碳排放权交易的纠纷，可以自行协商解决，也可以依法向仲裁机构申请仲裁或者向人民法院提起诉讼。

第三十九条　申请交易机构调解的当事人，应当提出书面调解申请。交易机构的调解意见，经当事人确认并在调解意见书上签章后生效。

第四十条　交易机构和交易主体，或者交易主体间发生交易纠纷的，当事人均应当记录有关情况，以备查阅。交易纠纷影响正常交易的，交易机构应当及时采取止损措施。

第七章　附则

第四十一条　交易机构可以根据本规则制定交易业务规则等实施细则。

第四十二条　本规则自公布之日起施行。

9.《碳排放权结算管理规则（试行）》

第一章　总则

第一条　为规范全国碳排放权交易的结算活动，保护全国碳排放权交易市场各参与方的合法权益，维护全国碳排放权交易市场秩序，根据《碳排放权交易管理办法（试行）》，制定本规则。

第二条　本规则适用于全国碳排放权交易的结算监督管理。全国碳排放权注册登记机构（以下简称注册登记机构）、全国碳排放权交易机构（以下简称交易机构）、交易主体及其他相关参与方应当遵守本规则。

第三条　注册登记机构负责全国碳排放权交易的统一结算，管理交易结算资金，防范结算风险。

第四条　全国碳排放权交易的结算应当遵守法律、行政法规、国家金融监管的相关规定以及注册登记机构相关业务规则等，遵循公开、公平、公正、安全和高效的原则。

第二章　资金结算账户管理

第五条　注册登记机构应当选择符合条件的商业银行作为结算银行，并在结算银行开立交易结算资金专用账户，用于存放各交易主体的交易资金和相关款项。

注册登记机构对各交易主体存入交易结算资金专用账户的交易资金实行分账管理。

注册登记机构与交易主体之间的业务资金往来，应当通过结算银行所开设的专用账户办理。

第六条　注册登记机构应与结算银行签订结算协议，依据中国人民银行等有关主管部门的规定和协议约定，保障各交易主体存入交易结算资金专用账户的交易资金安全。

第三章　结算

第七条　在当日交易结束后，注册登记机构应当根据交易系统的成交结果，按照货银对付的原则，以每个交易主体为结算单位，通过注册登记系统进行碳排放配额与资金的逐笔全额清算和统一交收。

第八条　当日完成清算后，注册登记机构应当将结果反馈给交易机构。经双方确认无误后，注册登记机构根据清算结果完成碳排放配额和资金的交收。

第九条　当日结算完成后，注册登记机构向交易主体发送结算数据。如遇到特殊情况导致注册登记机构不能在当日发送结算数据的，注册登记机构应及时通知相关交易主体，并采取限制出入金等风险管控措施。

第十条　交易主体应当及时核对当日结算结果，对结算结果有异议的，应在下一交易日开市前，以书面形式向注册登记机构提出。交易主体在规定时间内没有对结算结果提出异议的，视作认可结算结果。

第四章　监督与风险管理

第十一条　注册登记机构针对结算过程采取以下监督措施：

（一）专岗专人。根据结算业务流程分设专职岗位，防范结算操作风险。

（二）分级审核。结算业务采取两级审核制度，初审负责结算操作及银行间头寸划拨的准确性、真实性和完整性，复审负责结算事项的合法合规性。

（三）信息保密。注册登记机构工作人员应当对结算情况和相关信息严格保密。

第十二条 注册登记机构应当制定完善的风险防范制度，构建完善的技术系统和应急响应程序，对全国碳排放权结算业务实施风险防范和控制。

第十三条 注册登记机构建立结算风险准备金制度。结算风险准备金由注册登记机构设立，用于垫付或者弥补因违约交收、技术故障、操作失误、不可抗力等造成的损失。风险准备金应当单独核算，专户存储。

第十四条 注册登记机构应当与交易机构相互配合，建立全国碳排放权交易结算风险联防联控制度。

第十五条 当出现以下情形之一的，注册登记机构应当及时发布异常情况公告，采取紧急措施化解风险：

（一）因不可抗力、不可归责于注册登记机构的重大技术故障等原因导致结算无法正常进行；

（二）交易主体及结算银行出现结算、交收危机，对结算产生或者将产生重大影响。

第十六条 注册登记机构实行风险警示制度。注册登记机构认为有必要的，可以采取发布风险警示公告，或者采取限制账户使用等措施，以警示和化解风险，涉及交易活动的应当及时通知交易机构。

出现下列情形之一的，注册登记机构可以要求交易主体报告情况，向相关机构或者人员发出风险警示并采取限制账户使用等处置措施：

（一）交易主体碳排放配额、资金持仓量变化波动较大；

（二）交易主体的碳排放配额被法院冻结、扣划的；

（三）其他违反国家法律、行政法规和部门规章规定的情况。

第十七条　提供结算业务的银行不得参与碳排放权交易。

第十八条　交易主体发生交收违约的，注册登记机构应当通知交易主体在规定期限内补足资金，交易主体未在规定时间内补足资金的，注册登记机构应当使用结算风险准备金或自有资金予以弥补，并向违约方追偿。

第十九条　交易主体涉嫌重大违法违规，正在被司法机关、国家监察机关和生态环境部调查的，注册登记机构可以对其采取限制登记账户使用的措施，其中涉及交易活动的应当及时通知交易机构，经交易机构确认后采取相关限制措施。

第五章　附则

第二十条　清算：是指按照确定的规则计算碳排放权和资金的应收应付数额的行为。

交收：是指根据确定的清算结果，通过变更碳排放权和资金履行相关债权债务的行为。

头寸：指的是银行当前所有可以运用的资金的总和，主要包括在中国人民银行的超额准备金、存放同业清算款项净额、银行存款以及现金等部分。

第二十一条　注册登记机构可以根据本规则制定结算业务规则等实施细则。

第二十二条　本规则自公布之日起施行。

10.《企业温室气体排放报告核查指南（试行）》

1. 适用范围

本指南规定了重点排放单位温室气体排放报告的核查原则和依据、核查程序和要点、核查复核以及信息公开等内容。

本指南适用于省级生态环境主管部门组织对重点排放单位报告的温室气体排放量及相关数据的核查。

对重点排放单位以外的其他企业或经济组织的温室气体排放报告核查，碳排放权交易试点的温室气体排放报告核查，基于科研等其他目的的温室气体排放报告核查工作可参考本指南执行。

2. 术语和定义

2.1　重点排放单位

全国碳排放权交易市场覆盖行业内年度温室气体排放量达到2.6万吨二氧化碳当量及以上的企业或者其他经济组织。

2.2　温室气体排放报告

重点排放单位根据生态环境部制定的温室气体排放核算方法与报告指南及相关技术规范编制的载明重点排放单位温室气体排放量、排放设施、排放源、核算边界、核算方法、活动数据、排放因子等信息，并附有原始记录和台账等内容的报告。

2.3　数据质量控制计划

重点排放单位为确保数据质量，对温室气体排放量和相关信息的核算与报告作出的具体安排与规划，包括重点排放单位和排放设施基本信息、核算边界、核算方法、活动数据、排放因子及其他相关信息的确定和获取方式，以及内部质量控制和质量保证相关规定等。

2.4　核查

根据行业温室气体排放核算方法与报告指南以及相关技术规范，对重点排放单位报告的温室气体排放量和相关信息进行全面核实、查证的过程。

2.5　不符合项

核查发现的重点排放单位温室气体排放量、相关信息、数据质量控制计划、支撑材料等不符合温室气体核算方法与报告指南以及相关技术规范的情况。

3. 核查原则和依据

重点排放单位温室气体排放报告的核查应遵循客观独立、诚实守信、公平公正、专业严谨的原则，依据以下文件规定开展：

——《碳排放权交易管理办法（试行）》；

——生态环境部发布的工作通知；

——生态环境部制定的温室气体排放核算方法与报告指南；

——相关标准和技术规范。

4. 核查程序和要点

4.1　核查程序

核查程序包括核查安排、建立核查技术工作组、文件评审、建立现场核查组、实施现场核查、出具《核查结论》、告知核查结果、保存核查记录等八个步骤，核查工作流程图见附件1。

4.1.1　核查安排

省级生态环境主管部门应综合考虑核查任务、进度安排及所需资源组织开展核查工作。

通过政府购买服务的方式委托技术服务机构开展的，应要求技术服务机构建立有效的风险防范机制、完善的内部质量管理体系和适当的公正性保证措施，确保核查工作公平公正、客观独立开展。技术服务机构不应开展以下活动：

——向重点排放单位提供碳排放配额计算、咨询或管理服务；

——接受任何对核查活动的客观公正性产生影响的资助、合同或其他形式的服务或产品；

——参与碳资产管理、碳交易的活动，或与从事碳咨询和交易的单位存在资产和管理方面的利益关系，如隶属于同一个上级机构等；

——与被核查的重点排放单位存在资产和管理方面的利益关系，如隶属于同一个上级机构等；

——为被核查的重点排放单位提供有关温室气体排放和减排、监测、测量、报告和校准的咨询服务；

——与被核查的重点排放单位共享管理人员，或者在3年之内曾在彼此机构内相互受聘过管理人员；

——使用具有利益冲突的核查人员，如3年之内与被核查重点排放单位存在雇佣关系或为被核查的重点排放单位提供过温室气体排放或碳交易的咨询服务等；

——宣称或暗示如果使用指定的咨询或培训服务，对重点排放单位的排放报告的核查将更为简单、容易等。

4.1.2　建立核查技术工作组

省级生态环境主管部门应根据核查任务和进度安排，建立一个或多个核查技术工作组（以下简称技术工作组）开展如下工作：

——实施文件评审；

——完成《文件评审表》（见附件2），提出《现场核查清单》（见附件3）的现场核查要求；

——提出《不符合项清单》（见附件4），交给重点排放单位整改，验证整改是否完成；

——出具《核查结论》；

——对未提交排放报告的重点排放单位，按照保守性原则对其排放量及相关数据进行测算。

技术工作组的工作可由省级生态环境主管部门及其直属机构承担，也可通过政府购买服务的方式委托技术服务机构承担。

技术工作组至少由 2 名成员组成，其中 1 名为负责人，至少 1名成员具备被核查的重点排放单位所在行业的专业知识和工作经验。技术工作组负责人应充分考虑重点排放单位所在的行业领域、工艺流程、设施数量、规模与场所、排放特点、核查人员的专业背景和实践经验等方面的因素，确定成员的任务分工。

4.1.3 文件评审

技术工作组应根据相应行业的温室气体排放核算方法与报告指南（以下简称核算指南）、相关技术规范，对重点排放单位提交的排放报告及数据质量控制计划等支撑材料进行文件评审，初步确定重点排放单位的温室气体排放量和相关信息的符合情况，识别现场核查重点，提出现场核查时间、需访问的人员、需观察的设施、设备或操作以及需查阅的支撑文件等现场核查要求，并按附件2和附件3的格式分别填写完成《文件评审表》和《现场核查清单》提交省级生态环境主管部门。

技术工作组可根据核查工作需要，调阅重点排放单位提交的相关支撑材料如组织机构图、厂区分布图、工艺流程图、设施台账、生产日志、监测设备和计量器具台账、支撑报送数据的原始凭证，以及数据内部质量控制和质量保证相关文件和记录等。

技术工作组应将重点排放单位存在的如下情况作为文件评审重点：

—投诉举报企业温室气体排放量和相关信息存在的问题；

—日常数据监测发现企业温室气体排放量和相关信息存在的异常情况；

—上级生态环境主管部门转办交办的其他有关温室气体排放的事项。

4.1.4 建立现场核查组

省级生态环境主管部门应根据核查任务和进度安排，建立一个或多个现场核查组开展如下工作：

—根据《现场核查清单》，对重点排放单位实施现场核查，收集相关证据和支撑材料；

—详细填写《现场核查清单》的核查记录并报送技术工作组。

现场核查组的工作可由省级生态环境主管部门及其直属机构承担，也可通过政府购买服务的方式委托技术服务机构承担。

现场核查组应至少由2人组成。为了确保核查工作的连续性，现场核查组成员原则上应为核查技术工作组的成员。对于核查人员调配存在困难等情况，现场核查组的成员可以与核查技术工作组成员不同。

对于核查年度之前连续2年未发现任何不符合项的重点排放单位，且当年文件评审中未发现存在疑问的信息或需要现场重点关注的内容，经省级生态环境主管部门同意后，可不实施现场核查。

4.1.5　实施现场核查

现场核查的目的是根据《现场核查清单》收集相关证据和支撑材料。

4.1.5.1　核查准备

现场核查组应按照《现场核查清单》做好准备工作，明确核查任务重点、组内人员分工、核查范围和路线，准备核查所需要的装备，如现场核查清单、记录本、交通工具、通信器材、录音录像器材、现场采样器材等。

现场核查组应于现场核查前2个工作日通知重点排放单位做好准备。

4.1.5.2　现场核查

现场核查组可采用以下查、问、看、验等方法开展工作。

一查：查阅相关文件和信息，包括原始凭证、台账、报表、图纸、会计账册、专业技术资料、科技文献等；保存证据时可保存文件和信息的原件，如保存原件有困难，可保存复印件、扫描件、打印件、照片或视频录像等，必要时，可附文字说明；

一问：询问现场工作人员，应多采用开放式提问，获取更多关于核算边界、排放源、数据监测以及核算过程等信息；

一看：查看现场排放设施和监测设备的运行，包括现场观察核算边界、排放设施的位置和数量、排放源的种类以及监测设备的安装、校准和维护情况等；

一验：通过重复计算验证计算结果的准确性，或通过抽取样本、重复测试确认测试结果的准确性等。

现场核查组应验证现场收集的证据的真实性，确保其能够满足核查的需要。现场核查组应在现场核查工作结束后2个工作日内，向技术工作组提交填写完成的《现场核查清单》。

4.1.5.3 不符合项

技术工作组应在收到《现场核查清单》后2个工作日内，对《现场核查清单》中未取得有效证据、不符合核算指南要求以及未按数据质量控制计划执行等情况，在《不符合项清单》（见附件4）中"不符合项描述"一栏如实记录，并要求重点排放单位采取整改措施。

重点排放单位应在收到《不符合项清单》后的5个工作日内，填写完成《不符合项清单》中"整改措施及相关证据"一栏，连同相关证据材料一并提交技术工作组。技术工作组应对不符合项的整改进行书面验证，必要时可采取现场验证的方式。

4.1.6 出具《核查结论》

技术工作组应根据如下要求出具《核查结论》（见附件5）并提交省级生态环境主管部门。

——对于未提出不符合项的，技术工作组应在现场核查结束后5个工作日内填写完成《核查结论》；

——对于提出不符合项的，技术工作组应在收到重点排放单位提交的《不符合项清单》"整改措施及相关证据"一栏内容后的5个工作日内填写完成《核查结论》。如果重点排放单位未在规定时间内完成对不符合项的整改，或整改措施不符合要求，技术工作组应根据核算指南与生态环境部公布的缺省值，按照保守原则测算排放量及相关数据，并填写完成《核查结论》。

——对于经省级生态环境主管部门同意不实施现场核查的，技术工作组应在省级生态环境主管部门作出不实施现场核查决定后5个工作日内，填写完成

《核查结论》。

4.1.7　告知核查结果

省级生态环境主管部门应将《核查结论》告知重点排放单位。如省级生态环境主管部门认为有必要进一步提高数据质量，可在告知核查结果之前，采用复查的方式对核查过程和核查结论进行书面或现场评审。

4.1.8　保存核查记录

省级生态环境主管部门应以安全和保密的方式保管核查的全部书面（含电子）文件至少5年。

技术服务机构应将核查过程的所有记录、支撑材料、内部技术评审记录等进行归档保存至少10年。

4.2　核查要点

4.2.1　文件评审要点

4.2.1.1　重点排放单位基本情况

技术工作组应通过查阅重点排放单位的营业执照、组织机构代码证、机构简介、组织结构图、工艺流程说明、排污许可证、能源统计报表、原始凭证等文件的方式确认以下信息的真实性、准确性以及与数据质量控制计划的符合性：

—重点排放单位名称、单位性质、所属国民经济行业类别、统一社会信用代码、法定代表人、地理位置、排放报告联系人、排污许可证编号等基本信息；

—重点排放单位内部组织结构、主要产品或服务、生产工艺流程、使用的能源品种及年度能源统计报告等情况。

4.2.1.2　核算边界

技术工作组应查阅组织机构图、厂区平面图、标记排放源输入与输出的工艺流程图及工艺流程描述、固定资产管理台账、主要用能设备清单并查阅可行性研究报告及批复、相关环境影响评价报告及批复、排污许可证、承包合同、租赁协议等，确认以下信息的符合性：

——核算边界是否与相应行业的核算指南以及数据质量控制计划一致；

——纳入核算和报告边界的排放设施和排放源是否完整；

——与上一年度相比，核算边界是否存在变更等。

4.2.1.3　核算方法

技术工作组应确认重点排放单位在报告中使用的核算方法是否符合相应行业的核算指南的要求，对任何偏离指南的核算方法都应判断其合理性，并在《文件评审表》和《核查结论》中说明。

4.2.1.4　核算数据

技术工作组应重点查证核实以下四类数据的真实性、准确性和可靠性。

4.2.1.4.1　活动数据

技术工作组应依据核算指南，对重点排放单位排放报告中的每一个活动数据的来源及数值进行核查。核查的内容应包括活动数据的单位、数据来源、监测方法、监测频次、记录频次、数据缺失处理等。对支撑数据样本较多需采用抽样方法进行验证的，应考虑抽样方法、抽样数量以及样本的代表性。

如果活动数据的获取使用了监测设备，技术工作组应确认监测设备是否得到了维护和校准，维护和校准是否符合核算指南和数据质量控制计划的要求。技术工作组应确认因设备校准延迟而导致的误差是否根据设备的精度或不确定度进行了处理，以及处理的方式是否会低估排放量或过量发放配额。

针对核算指南中规定的可以自行检测或委托外部实验室检测的关键参数，技术工作组应确认重点排放单位是否具备测试条件，是否依据核算指南建立内部质量保证体系并按规定留存样品。如果不具备自行测试条件，委托的外部实验室是否有计量认证（CMA）资质认定或中国合格评定国家认可委员会（CNAS）的认可。

技术工作组应将每一个活动数据与其他数据来源进行交叉核对，其他数据来源可包括燃料购买合同、能源台账、月度生产报表、购售电发票、供热协议及报告、化学分析报告、能源审计报告等。

4.2.1.4.2　排放因子

技术工作组应依据核算指南和数据质量控制计划对重点排放单位排放报告中的每一个排放因子的来源及数值进行核查。

对采用缺省值的排放因子，技术工作组应确认与核算指南中的缺省值一致。

对采用实测方法获取的排放因子，技术工作组至少应对排放因子的单位、数据来源、监测方法、监测频次、记录频次、数据缺失处理（如适用）等内容进行核查，对支撑数据样本较多需采用抽样进行验证的，应考虑抽样方法、抽样数量以及样本的代表性。对于通过监测设备获取的排放因子数据，以及按照核算指南由重点排放单位自行检测或委托外部实验室检测的关键参数，技术工作组应采取与活动数据同样的核查方法。在核查过程中，技术工作组应将每一个排放因子数据与其他数据来源进行交叉核对，其他的数据来源可包括化学分析报告、政府间气候变化专门委员会（IPCC）缺省值、省级温室气体清单编制指南中的缺省值等。

4.2.1.4.3　排放量

技术工作组应对排放报告中排放量的核算结果进行核查，通过验证排放量计算公式是否正确、排放量的累加是否正确、排放量的计算是否可再现等方式确认排放量的计算结果是否正确。通过对比以前年份的排放报告，通过分析生产数据和排放数据的变化和波动情况确认排放量是否合理等。

4.2.1.4.4　生产数据

技术工作组依据核算指南和数据质量控制计划对每一个生产数据进行核查，并与数据质量控制计划规定之外的数据源进行交叉验证。核查内容应包括数据的单位、数据来源、监测方法、监测频次、记录频次、数据缺失处理等。对生产数据样本较多需采用抽样方法进行验证的，应考虑抽样方法、抽样数量以及样本的代表性。

4.2.1.5 质量保证和文件存档

技术工作组应对重点排放单位的质量保障和文件存档执行情况进行核查：

——是否建立了温室气体排放核算和报告的规章制度，包括负责机构和人员、工作流程和内容、工作周期和时间节点等；是否指定了专职人员负责温室气体排放核算和报告工作；

——是否定期对计量器具、监测设备进行维护管理；维护管理记录是否已存档；

——是否建立健全温室气体数据记录管理体系，包括数据来源、数据获取时间以及相关责任人等信息的记录管理；是否形成碳排放数据管理台账记录并定期报告，确保排放数据可追溯；

——是否建立温室气体排放报告内部审核制度，定期对温室气体排放数据进行交叉校验，对可能产生的数据误差风险进行识别，并提出相应的解决方案。

4.2.1.6 数据质量控制计划及执行

4.2.1.6.1 数据质量控制计划

技术工作组应从以下几个方面确认数据质量控制计划是否符合核算指南的要求：

a）版本及修订

技术工作组应确认数据质量控制计划的版本和发布时间与实际情况是否一致。如有修订，应确认修订满足下述情况之一或相关核算指南规定。

——因排放设施发生变化或使用新燃料、物料产生了新排放；

——采用新的测量仪器和测量方法，提高了数据的准确度；

—发现按照原数据质量控制计划的监测方法核算的数据不正确；

—发现修订数据质量控制计划可提高报告数据的准确度；

—发现数据质量控制计划不符合核算指南要求。

b）重点排放单位情况

技术工作组可通过查阅其他平台或相关文件中的信息源（如国家企业信用信息公示系统、能源审计报告、可行性研究报告、环境影响评价报告、环境管理体系评估报告、年度能源和水统计报表、年度工业统计报表以及年度财务审计报告）等方式确认数据质量控制计划中重点排放单位的基本信息、主营产品、生产设施信息、组织机构图、厂区平面分布图、工艺流程图等相关信息的真实性和完整性。

c）核算边界和主要排放设施描述

技术工作组可采用查阅对比文件（如企业设备台账）等方式确认排放设施的真实性、完整性以及核算边界是否符合相关要求。

d）数据的确定方式

技术工作组应对核算所需要的各项活动数据、排放因子和生产数据的计算方法、单位、数据获取方式、相关监测测量设备信息、数据缺失时的处理方式等内容进行核查，并确认：

—是否对参与核算所需要的各项数据都确定了获取方式，各项数据的单位是否符合核算指南要求；

—各项数据的计算方法和获取方式是否合理且符合核算指南的要求；

—数据获取过程中涉及的测量设备的型号、位置是否属实；

—监测活动涉及的监测方法、监测频次、监测设备的精度和校准频次等是否符合核算指南及相应的监测标准的要求；

—数据缺失时的处理方式是否按照保守性原则确保不会低估排放量或过量发放配额。

e）数据内部质量控制和质量保证相关规定

技术工作组应通过查阅支持材料和如下管理制度文件，对重点排放单位内部质量控制和质量保证相关规定进行核查，确认相关制度安排合理、可操作并符合核算指南要求。

——数据内部质量控制和质量保证相关规定；

——数据质量控制计划的制订、修订、内部审批以及数据质量控制计划执行等方面的管理规定；

——人员的指定情况，内部评估以及审批规定；

——数据文件的归档管理规定等。

4.2.1.6.2　数据质量控制计划执行

技术工作组应结合上述 4.2.1.1～4.2.1.5 的核查，从以下方面核查数据质量控制计划的执行情况。

——重点排放单位基本情况是否与数据质量控制计划中的报告主体描述一致；

——年度报告的核算边界和主要排放设施是否与数据质量控制计划中的核算边界和主要排放设施一致；

——所有活动数据、排放因子及相关数据是否按照数据质量控制计划实施监测；

——监测设备是否得到了有效的维护和校准，维护和校准是否符合国家、地区计量法规或标准的要求，是否符合数据质量控制计划、核算指南或设备制造商的要求；

——监测结果是否按照数据质量控制计划中规定的频次记录；

——数据缺失时的处理方式是否与数据质量控制计划一致；

——数据内部质量控制和质量保证程序是否有效实施。

对不符合核算指南要求的数据质量控制计划，应开具不符合项要求重点排放单位进行整改。

对于未按数据质量控制计划获取的活动数据、排放因子、生产数据，技术工作组应结合现场核查组的现场核查情况开具不符合项，要求重点排放单位按照保守性原则测算数据，确保不会低估排放量或过量发放配额。

4.2.1.7 其他内容

除上述内容外，技术工作组在文件评审中还应重点关注如下内容：

—投诉举报企业温室气体排放量和相关信息存在的问题；

—各级生态环境主管部门转办交办的事项；

—日常数据监测发现企业温室气体排放量和相关信息存在异常的情况；

—排放报告和数据质量控制计划中出现错误风险较高的数据以及重点排放单位是如何控制这些风险的；

—重点排放单位以往年份不符合项的整改完成情况，以及是否得到持续有效管理等。

4.2.2 现场核查要点

现场核查组应按《现场核查清单》开展核查工作，并重点关注如下内容：

—投诉举报企业温室气体排放量和相关信息存在的问题；

—各级生态环境主管部门转办交办的事项；

—日常数据监测发现企业温室气体排放量和相关信息存在异常的情况；

—重点排放单位基本情况与数据质量控制计划或其他信息源不一致的情况；

—核算边界与核算指南不符，或与数据质量控制计划不一致的情况；

—排放报告中采用的核算方法与核算指南不一致的情况；

—活动数据、排放因子、排放量、生产数据等不完整、不合理或不符合数据质量控制计划的情况；

—重点排放单位是否有效地实施了内部数据质量控制措施的情况；

—重点排放单位是否有效地执行了数据质量控制计划的情况；

—数据质量控制计划中报告主体基本情况、核算边界和主要排放设施、数据的确定方式、数据内部质量控制和质量保证相关规定等与实际情况的一致性；

—确认数据质量控制计划修订的原因，比如排放设施发生变化、使用新燃料或物料、采用新的测量仪器和测量方法等情况。现场核查组应按《现场核查清单》收集客观证据，详细填写核查记录，并将证据文件一并提交技术工作组。相关证据材料应能证实所需要核实、确认的信息符合要求。

5. 核查复核

重点排放单位对核查结果有异议的，可在被告知核查结论之日起 7 个工作日内，向省级生态环境主管部门申请复核。复核结论应在接到复核申请之日起 10 个工作日内作出。

6. 信息公开

核查工作结束后，省级生态环境主管部门应将所有重点排放单位的《核查结论》在官方网站向社会公开，并报生态环境部汇总。如有核查复核的，应公开复核结论。

核查工作结束后，省级生态环境主管部门应对技术服务机构提供的核查服务按附件6《技术服务机构信息公开表》的格式进行评价，在官方网站向社会公开《技术服务机构信息公开表》。评价过程应结合技术服务机构与省级生态环境主管部门的日常沟通、技术评审、复查以及核查复核等环节开展。

省级生态环境主管部门应加强信息公开管理，发现有违法违规行为的，应当依法予以公开。

附件1

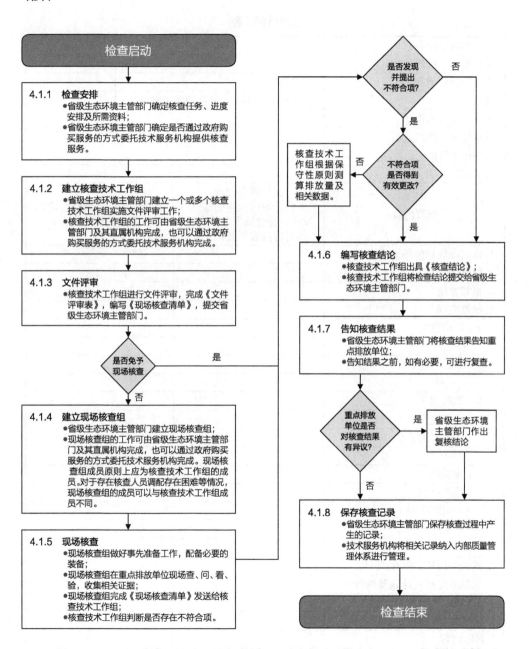

检查工作流程图

附件2

文件评审表

重点排放单位名称			
重点排放单位地址			
统一社会信用代码		法定代表人	
联系人		联系方式（座机、手机和电子邮箱）	
核算和报告依据			
核查技术工作组成员			
文件评审日期			
现场核查日期			
核查内容	文件评审记录 （将评审过程中的核查发现、符合情况以及交叉核对等内容详细记录）	在疑问的信息或需要现场重点关注的内容
---	---	---
1. 重点排放单位基本情况		
2. 核算边界		
3. 核算方法		
4. 核算数据		
1）活动数据		
—活动数据 1		
—活动数据 2		
……		
2）排放因子		
—排放因子 1		
—排放因子 2		
……		
3）排放量		
4）生产数据		
—生产数据 1		
—生产数据 2		
……		
5. 质量控制和文件存档		
6. 数据质量控制计划及执行		
1）数据质量控制计划		
2）数据质量控制计划的执行		
7. 其他内容		
核查技术工作组负责人（签名、日期）：		

附件3

现场核查清单

重点排放单位名称			
重点排放单位地址			
统一社会信用代码		法定代表人	
联系人		联系方式 （座机、手机和电子邮箱）	
现场核查要求		现场核查记录	
1.			
2.			
3.			
4.			
……			
		现场发现的其他问题：	
核查技术工作组负责人 （签名、日期）：		现场核查人员（签名、日期）：	

附件4

不符合项清单

重点排放单位名称		
重点排放单位地址		
统一社会信用代码	法定代表人	
联系人	联系方式 （座机、手机和电子邮箱）	
不符合项描述	整改措施及相关证据	整改措施是否符合要求
1.		
2.		
3.		
4.		
……		
核查技术工作组负责人 （签名、日期）：	重点排放单位整改负责人 （签名、日期）：	核查技术工作负责人 （签名、日期）：

注：请于　　年　　月　　日前完成整改措施，并提交相关证据。如未在上述日期前完成整改，
　　主管部门将根据相关保守性原则测算温室气体排放量等相关数据，用于履约清缴等
　　工作。

附件5

核查结论

一、重点排放单位基本信息			
重点排放单位名称			
重点排放单位地址			
统一社会信用代码		法定代表人	

二、文件评审和现场核查过程			
核查技术工作组承担单位		核查技术工作组成员	
文件评审日期			
现场核查工作组承担单位		现场核查工作组成员	
现场核查日期			
是否不予实施现场核查?	□是　　□否,如是,简要说明原因。		

三、核查发现（在相应空格中打"√"）

核查内容	符合要求	不符合项已整改且满足要求	不符合项整改但不满足要求	不符合项未整改
1.重点排放单位基本情况				
2.核算边界				
3.核算方法				
4.核算数据				
5.质量控制和文件存档				
6.数据质量控制计划及执行				
7.其他内容				

四、核查确认	
（一）初次提交排放报告的数据	
温室气体排放报告（初次提交）日期	
初次提交报告中的排放量（tCO_2-e）	
初次提交报告中与配额分配相关的生产数据	
（二）最终提交排放报告的数据	
温室气体排放报告（最终）日期	
经核查后的排放量（tCO_2-e）	
经核查后与配额分配相关的生产数据	
（三）其他需要说明的问题	
最终排放量的认定是否涉及核查技术工作组的测算？	□是　　□否，如是，简要说明原因、过程、依据和认定结果：
最终与配额分配相关的生产数据的认定是否涉及核查技术工作组的测算？	□是　　□否，如是，简要说明原因、过程、依据和认定结果：
其他需要说明的情况	
核查技术工作负责人（签字、日期）：	
技术服务机构盖章（如购买技术服务机构的核查服务）	

附件6

技术服务机构信息公开表（　　　年度核查）

一、技术服务机构基本信息								
技术服务机构名称								
统一社会信用代码			法定代表人					
注册资金			办公场所					
联系人			联系方式（电话、E-mail）					
二、技术服务机构内部管理情况								
内部质量管理措施								
公正性管理措施								
不良记录								
三、核查工作及时性和工作质量								
序号	重点排放单位名称	统一社会信用代码/组织机构代码	核查及时性（填写及时或不及时）	核查质量（如符合要求填写符合，如不符合要求，简述不符合的具体内容）					
				1.重点排放单位基本情况	2.核算边界	3.核算方法	4.核算数据	5.质量控制和文件存档	6.数据质量控制计划及执行	7.其他内容
1									
2									
3									
...									

共出具　　份《核查结论》。其中：　　份合格，　　份不合格，合格率　　%。

《核查结论》不合格情况如下：

—重点排放单位基本情况核查存在不合格的　　份；

—核算边界的核查存在不合格的　　份；

—核算方法的核查存在不合格的　　份；

—核算数据的核查存在不合格的　　份；

—质量控制和文件存档的核查存在不合格的　　份；

—数据质量控制计划及执行的核查存在不合格的　　份；

—其他内容的核查存在不合格的　　份。

附：1.技术服务机构内部质量管理相关文件

　　2.技术服务机构《年度公正性自查报告》

11.《企业温室气体排放核算方法与报告指南 发电设施》（2022年修订版）

1. 适用范围

本指南规定了发电设施的温室气体排放核算边界和排放源、化石燃料燃烧排放核算要求、购入电力排放核算要求、排放量计算、生产数据核算要求、数据质量控制计划、数据质量管理要求、定期报告要求和信息公开要求等。

本指南适用于全国碳排放权交易市场的发电行业重点排放单位（含自备电厂）使用燃煤、燃油、燃气等化石燃料及掺烧化石燃料的纯凝发电机组和热电联产机组等发电设施的温室气体排放核算。其他未纳入全国碳排放权交易市场的企业发电设施温室气体排放核算可参照本指南。

本指南不适用于单一使用非化石燃料（如纯垃圾焚烧发电、沼气发电、秸秆林木质等纯生物质发电机组，余热、余压、余气发电机组和垃圾填埋气发电机组等）发电设施的温室气体排放核算。

2. 规范性引用文件

本指南内容引用了下列文件或其中的条款。凡是不注明日期的引用文件，其有效版本适用于本指南。

GB/T 211 煤中全水分的测定方法

GB/T 212 煤的工业分析方法

GB/T 213 煤的发热量测定方法

GB/T 214 煤中全硫的测定方法

GB/T 474 煤样的制备方法

GB/T 475 商品煤样人工采取方法

GB/T 476 煤中碳和氢的测定方法

GB/T 483　煤炭分析试验方法一般规定

GB/T 4754　国民经济行业分类

GB/T 8984　气体中一氧化碳、二氧化碳和碳氢化合物的测定气相色谱法

GB/T 11062　天然气发热量、密度、相对密度和沃泊指数的计算方法

GB/T 13610　天然气的组成分析气相色谱法

GB 17167　用能单位能源计量器具配备和管理通则

GB/T 19494.1　煤炭机械化采样　第1部分：采样方法

GB/T 19494.2　煤炭机械化采样　第2部分：煤样的制备

GB/T 19494.3　煤炭机械化采样　第3部分：精密度测定和偏倚试验

GB 21258　常规燃煤发电机组单位产品能源消耗限额

GB/T 21369　火力发电企业能源计量器具配备和管理要求

GB/T 25214　煤中全硫测定　红外光谱法

GB/T 27025　检测和校准实验室能力的通用要求

GB/T 30732　煤的工业分析方法　仪器法

GB/T 30733　煤中碳氢氮的测定　仪器法

GB/T 31391　煤的元素分析

GB/T 32150　工业企业温室气体排放核算和报告通则

GB/T 32151.1　温室气体排放核算与报告要求　第1部分：发电企业

GB 35574　热电联产单位产品能源消耗限额

GB/T 35985　煤炭分析结果基的换算

DL/T 567.8　火力发电厂燃料试验方法　第8部分：燃油发热量的测定

DL/T 568　燃料元素的快速分析方法

DL/T 904　火力发电厂技术经济指标计算方法

DL/T 1030　煤的工业分析　自动仪器法

DL/T 1365　名词术语电力节能

DL/T 2029　煤中全水分测定　自动仪器法

3. 术语和定义

下列术语和定义适用于本指南。

3.1　温室气体 greenhouse gas

大气中吸收和重新放出红外辐射的自然和人为的气态成分，包括二氧化碳（CO_2）、甲烷（CH_4）、氧化亚氮（N_2O）、氢氟碳化物（HFCs）、全氟化碳（PFCs）、六氟化硫（SF_6）和三氟化氮（NF_3）等。本指南中的温室气体为二氧化碳（CO_2）。

3.2　温室气体重点排放单位 key emitting entity of greenhouse gas

全国碳排放权交易市场覆盖行业内年度温室气体排放量达到2.6万吨二氧化碳当量的温室气体排放单位，简称重点排放单位。

3.3　发电设施 power generation facilities

存在于某一地理边界、属于某一组织单元或生产过程的电力生产装置集合。

3.4　化石燃料燃烧排放 emission from fossil fuel combustion

化石燃料在氧化燃烧过程中产生的二氧化碳排放。

3.5　购入电力排放 emission from purchased electricity

购入使用电量所对应的电力生产环节产生的二氧化碳排放。

3.6　活动数据 activity data

导致温室气体排放的生产或消费活动量的表征值，例如各种化石燃料消耗量、购入使用电量等。

3.7　排放因子 emission factor

表征单位生产或消费活动量的温室气体排放系数，例如每单位化石燃料燃烧所产生的二氧化碳排放量、每单位购入使用电量所对应的二氧化碳排放量等。

3.8　低位发热量 low calorific value

燃料完全燃烧，其燃烧产物中的水蒸气以气态存在时的发热量，也称低位热值。

3.9　碳氧化率 carbon oxidation rate

燃料中的碳在燃烧过程中被完全氧化的百分比。

3.10　负荷（出力）系数 load（output）coefficient

统计期内，单元机组总输出功率平均值与机组额定功率之比，即机组利用小时数与运行小时数之比，也称负荷率。

3.11　热电联产机组 combined heat and power generation unit

同时向用户供给电能和热能的生产方式。本指南所指热电联产机组指具备发电能力同时有对外供热量产生的发电机组。

3.12　纯凝发电机组 condensing power generation unit

蒸汽进入汽轮发电机组的汽轮机，通过其中各级叶片做功后，乏汽全部进入凝结器凝结为水的生产方式。本指南是指企业核准批复或备案文件中明确为纯凝发电机组，并且仅对外供电的发电机组。

3.13　母管制系统 common header system

将多台过热蒸汽参数相同的机组分别用公用管道将过热蒸汽连在一起的发电系统。

4. 工作程序和内容

发电设施温室气体排放核算和报告工作内容包括核算边界和排放源确定、数据质量控制计划编制、化石燃料燃烧排放核算、购入电力排放核算、排放量计算、生产数据信息获取、定期报告、信息公开和数据质量管理的相关要求。工作程序见图1。

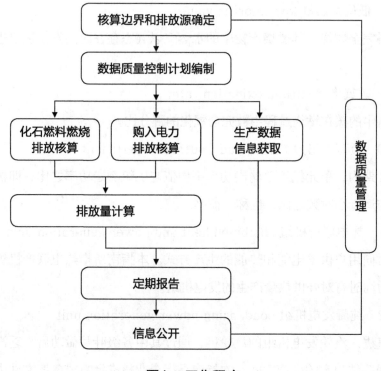

图1 工作程序

a）核算边界和排放源确定

确定重点排放单位核算边界，识别纳入边界的排放设施和排放源。排放报告应包括核算边界所包含的装置、所对应的地理边界、组织单元和生产过程。

b）数据质量控制计划编制

按照各类数据测量和获取要求编制数据质量控制计划，并按照数据质量控制计划实施温室气体的测量活动。

c）化石燃料燃烧排放核算

收集活动数据、确定排放因子，计算发电设施化石燃料燃烧排放量。

d）购入电力排放核算

收集活动数据、确定排放因子，计算发电设施购入使用电量所对应的排放量。

e）排放量计算

汇总计算发电设施二氧化碳排放量。

f）生产数据信息获取

获取和计算发电量、供电量、供热量、供热比、供电煤（气）耗、供热煤（气）耗、供电碳排放强度、供热碳排放强度、运行小时数和负荷（出力）系数等生产数据和信息。

g）定期报告

定期报告温室气体排放数据及相关生产信息，并报送相关支撑材料。

h）信息公开

定期公开温室气体排放报告相关信息，接受社会监督。

i）数据质量管理

明确实施温室气体数据质量管理的一般要求。

5. 核算边界和排放源确定

5.1　核算边界

核算边界为发电设施，主要包括燃烧系统、汽水系统、电气系统、控制系统和除尘及脱硫脱硝等装置的集合，不包括厂区内其他辅助生产系统以及附属生产系统。发电设施核算边界如图2中虚线框内所示。

5.2　排放源

发电设施温室气体排放核算和报告范围包括：化石燃料燃烧产生的二氧化碳排放、购入使用电力产生的二氧化碳排放。

a）化石燃料燃烧产生的二氧化碳排放：一般包括发电锅炉（含启动锅炉）、燃气轮机等主要生产系统消耗的化石燃料燃烧产生的二氧化碳排放，以及脱硫脱硝等装置使用化石燃料加热烟气的二氧化碳排放，不包括应急柴油发电机组、移动源、食堂等其他设施消耗化石燃料产生的排放。对于掺烧化石

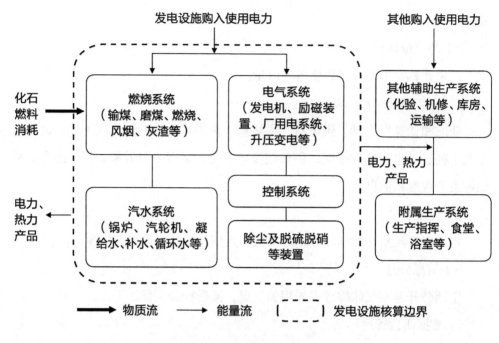

图2 核算边界示意图

燃料的生物质发电机组、垃圾（含污泥）焚烧发电机组等产生的二氧化碳排放，仅统计燃料中化石燃料的二氧化碳排放，并应计算掺烧化石燃料热量年均占比。

b）购入使用电力产生的二氧化碳排放。

6. 化石燃料燃烧排放核算要求

6.1 计算公式

6.1.1 化石燃料燃烧排放量是统计期内发电设施各种化石燃料燃烧产生的二氧化碳排放量的加和。对于开展元素碳实测的，采用公式（1）计算。

$$E_{燃烧} = \sum_{i=1}^{n} \left(FC_i \times C_{ar,i} \times OF_i \times \frac{44}{12} \right) \tag{1}$$

式中：$E_{燃烧}$——化石燃料燃烧的排放量，单位为吨二氧化碳（tCO_2）；

FC_i——第i种化石燃料的消耗量，对固体或液体燃料，单位为吨（t）；

对气体燃料，单位为万标准立方米（$10^4 Nm^3$）；

$C_{ar,i}$——第i种化石燃料的收到基元素碳含量，对固体和液体燃料，

单位为吨碳/吨（tC/t）；对气体燃料，

单位为吨碳/万标准立方米（$tC/10^4 Nm^3$）；

OF_i——第i种化石燃料的碳氧化率，以％表示；

44/12——二氧化碳与碳的相对分子质量之比；

i——化石燃料种类代号。

6.1.2 对于开展燃煤元素碳实测的，其收到基元素碳含量采用公式（2）换算。

$$C_{ar} = C_{ad} \times \frac{100 - M_{ar}}{100 - M_{ad}} \ 或 \ C_{ar} = C_d \times \frac{100 - M_{ar}}{100} \tag{2}$$

式中：C_{ar}——收到基元素碳含量，单位为吨碳/吨（tC/t）；

C_{ad}——空干基元素碳含量，单位为吨碳/吨（tC/t）；

C_d——干燥基元素碳含量，单位为吨碳/吨（tC/t）；

M_{ar}——收到基水分，可采用企业每日测量值的月度加权平均值，

以％表示；

M_{ad}——空干基水分，可采用企业每日测量值的月度加权平均值，

以％表示。

6.1.3 对于未开展元素碳实测的或实测不符合指南要求的，其收到基元素碳含量采用公式（3）计算。

$$C_{ar,i} = NCV_{ar,i} \times CC_i \tag{3}$$

式中：$C_{ar,i}$——第i种化石燃料的收到基元素碳含量，对固体和液体燃料，

单位为吨碳/吨（tC/t）；对气体燃料，单位为吨碳/万标准立

方米（$tC/10^4 Nm^3$）；

$NCV_{ar,i}$——第i种化石燃料的收到基低位发热量，对固体或液体燃料，

单位为吉焦/吨（GJ/t）；对气体燃料，单位为吉焦/万标准

立方米（$GJ/10^4Nm^3$）；

CC_i——第i种化石燃料的单位热值含碳量，单位为吨碳/吉焦（tC/GJ）；

6.2 数据的监测与获取

6.2.1 化石燃料消耗量的测定标准与优先序

6.2.1.1 化石燃料消耗量应根据重点排放单位用于生产所消耗的能源实际测量值来确定，能源消耗统计应符合GB 21258和DL/T 904的有关要求，不包括非生产使用的、基建和技改等项目建设的、副产品综合利用使用的消耗量。燃煤消耗量应优先采用经校验合格后的皮带秤或耐压式计量给煤机的入炉煤测量数值，其中皮带秤须皮带秤实煤或循环链码校验每旬一次，无实煤校验装置的应利用其他已检定合格的衡器至少每季度对皮带秤进行实煤计量比对。不具备入炉煤测量条件的，根据每日或每批次入厂煤盘存测量数值统计消耗量，并报告说明未采用入炉煤测量值的原因。燃油、燃气消耗量应至少每月测量。

6.2.1.2 化石燃料消耗量应按照以下优先级顺序选取，在之后各个核算年度的获取优先序不应降低：

a）生产系统记录的计量数据；

b）购销存台账中的消耗量数据；

c）供应商结算凭证的购入量数据。

6.2.1.3 测量仪器的标准应符合GB 17167的相关规定。轨道衡、皮带秤、汽车衡等计量器具的准确度等级应符合GB/T 21369的相关规定，并确保在有效的检验周期内。

6.2.2 元素碳含量的测定标准与频次

6.2.2.1 燃煤元素碳含量等相关参数的测定采用表1中所列的方法标准。重点排放单位可自行检测或委托外部有资质的检测机构/实验室进行检测。

表1　燃煤相关项目/参数的检测方法标准

序号	项目/参数		标准名称	标准编号
1	采样	人工采样	商品煤样人工采取方法	GB/T 475
		机械采样	煤炭机械化采样　第1部分：采样方法	GB/T 19494.1
2	制样	人工制样	煤样的制备方法	GB/T 474
		机械制样	煤炭机械化采样　第2部分：煤样的制备	GB/T 19494.2
3	化验	全水分	煤中全水分的测定方法	GB/T 211
			煤中全水分测定　自动仪器法	DL/T 2029
		水分、灰分、挥发分	煤的工业分析方法	GB/T 212
			煤的工业分析方法　仪器法	GB/T 30732
			煤的工业分析　自动仪器法	DL/T 1030
		发热量[a]	煤的发热量测定方法	GB/T 213
		全硫	煤中全硫的测定方法	GB/T 214
			煤中全硫测定　红外光谱法	GB/T 25214
		碳	煤中碳和氢的测定方法	GB/T 476
			煤中碳氢氮的测定　仪器法	GB/T 30733
			燃料元素的快速分析方法	DL/T 568
			煤的元素分析	GB/T 31391
4	基准换算	/	煤炭分析试验方法的一般规定	GB/T 483
		/	煤炭分析结果基的换算	GB/T 35985

注：[a]应优先采用恒容低位发热量，并在各统计期保持一致。

6.2.2.2　燃煤元素碳含量可采用以下方式之一获取，并确保采样、制样、化验和换算符合表1所列的方法标准：

a）每日检测。采用每日入炉煤检测数据加权计算得到入炉煤月度平均收到基元素碳含量，权重为每日入炉煤消耗量。

b）每批次检测。采用每月各批次入厂煤检测数据加权计算得到入厂煤月度平均收到基元素碳含量，权重为每批次入厂煤接收量。

c）每月缩分样检测。每日采集入炉煤缩分样品，每月将获得的日缩分样品合并混合，用于检测其元素碳含量。合并混合前，每个缩分样品的质量应正比于该入炉煤原煤量的质量且基准保持一致，使合并后的入炉煤缩分样品混合样相关参数值为各入炉煤相关参数的加权平均值。

6.2.2.3　燃煤元素碳含量应于每次样品采集之后40个自然日内完成该样品检测并出具报告，且报告应同时包括样品的元素碳含量、低位发热量、氢含量、全硫、水分等参数的检测结果。此报告中的低位发热量测试结果不用于元素碳含量参数计算，仅用于数据可靠性的对比分析和验证。

6.2.2.4　燃煤元素碳含量检测报告应由通过CMA认定或CNAS认可，且认可项包括元素碳含量的检测机构/实验室出具，检测报告应盖有CMA资质认定标志或CNAS认可标识章。

6.2.2.5　煤质分析中的元素碳含量应为收到基状态。如果实测的元素碳含量为干燥基或空气干燥基分析结果，应采用表1所列的方法标准转换为收到基元素碳含量。重点排放单位应保存不同基转换涉及水分等数据的可信原始记录。

6.2.2.6　燃油、燃气的元素碳含量应至少每月检测，可自行检测或委托外部有资质的检测机构/实验室进行检测。对于天然气等气体燃料，元素碳含量的测定应遵循GB/T 13610和GB/T 8984等相关标准，根据每种气体组分的体积浓度及该组分化学分子式中碳原子的数目计算元素碳含量。如果某月有多于一次的元素碳含量实测数据，宜取算术平均值计算该月数值。

6.2.3　低位发热量的测定标准与频次

6.2.3.1　燃煤低位发热量的测定采用表1中所列的方法标准。重点排放单位可自行检测或委托外部有资质的检测机构/实验室进行检测。

6.2.3.2　燃煤收到基低位发热量的测定应与燃煤消耗量数据获取状态（入炉煤或入厂煤）一致。应优先采用每日入炉煤检测数值，不具备入炉煤检测条件的，可采用每日或每批次入厂煤检测数值。已有入炉煤检测设备设施的重点排放单位，不应改用入厂煤检测结果。

6.2.3.3　燃煤的年度平均收到基低位发热量由月度平均收到基低位发热量加权平均计算得到，其权重是燃煤月消耗量。入炉煤月度平均收到基低位发热量由每日/班所耗燃煤的收到基低位发热量加权平均计算得到，其权重是每日/班入炉煤消耗量。入厂煤月度平均收到基低位发热量由每批次平均收到基低位发热量加权平均计算得到，其权重是该月每批次入厂煤接收量。当某日或某批次燃煤收到基低位发热量无实测时，或测定方法均不符合表1要求时，该日或该批次的燃煤收到基低位发热量应取26.7 GJ/t。

6.2.3.4　燃油、燃气的低位发热量应至少每月检测，可自行检测或委托外部有资质的检测机构/实验室进行检测，分别遵循DL/T 567.8和GB/T 11062等相关标准。燃油、燃气的年度平均低位发热量由每月平均低位发热量加权平均计算得到，其权重为每月燃油、燃气消耗量。无实测时采用供应商提供的检测报告中的数据，或采用本指南附录A表A.1规定的各燃料品种对应的缺省值。

6.2.4　单位热值含碳量的取值

6.2.4.1　燃煤未开展元素碳实测或实测不符合6.2.2要求的，单位热值含碳量取0.033 56 tC/GJ。

6.2.4.2　燃油、燃气的单位热值含碳量应至少每月检测，可委托外部有资质的检测机构/实验室进行检测。无实测时采用供应商提供的检测报告中的数据，或采用本指南附录A表A.1规定的各燃料品种对应的缺省值。

6.2.5　碳氧化率的取值

6.2.5.1　燃煤的碳氧化率取99%。

6.2.5.2　燃油和燃气的碳氧化率采用附录A表A.1中各燃料品种对应的缺省值。

7. 购入电力排放核算要求

7.1 计算公式

对于购入使用电力产生的二氧化碳排放，用购入使用电量乘以电网排放因子得出，采用公式（4）计算。

$$E_电=AD_电×EF_电 \tag{4}$$

式中：$E_电$——购入使用电力产生的排放量，单位为吨二氧化碳（tCO_2）；

　　　$AD_电$——购入使用电量，单位为兆瓦时（$MW·h$）；

　　　$EF_电$——电网排放因子，单位为吨二氧化碳/兆瓦时（$tCO_2/MW·h$）。

7.2 数据的监测与获取优先序

7.2.1 购入使用电力的活动数据按以下优先序获取：

a）根据电表记录的读数统计；

b）供应商提供的电费结算凭证上的数据。

7.2.2 电网排放因子采用0.581 0 $tCO_2/MW·h$，并根据生态环境部发布的最新数值适时更新。

8. 排放量计算

发电设施二氧化碳年度排放量等于当年各月排放量之和。各月二氧化碳排放量等于各月度化石燃料燃烧排放量和购入使用电力产生的排放量之和，采用公式（5）计算。

$$E=E_{燃烧}+E_电 \tag{5}$$

式中：E——发电设施二氧化碳排放量，单位为吨二氧化碳（tCO_2）；

　　　$E_{燃烧}$——化石燃料燃烧排放量，单位为吨二氧化碳（tCO_2）；

　　　$E_电$——购入使用电力产生的排放量，单位为吨二氧化碳（tCO_2）。

9. 生产数据核算要求

9.1 发电量和供电量

9.1.1 计算公式

发电量是指统计期内从发电机端输出的总电量，采用计量数据。供电量是指统计期内发电设施的发电量减去与生产有关的辅助设备的消耗电量，按以下计算方法获取：

a）对于纯凝发电机组，供电量为发电量与生产厂用电量之差，采用公式（6）计算。

$$W_{gd}=W_{fd}-W_{cy} \qquad (6)$$

式中：W_{gd}——供电量，单位为兆瓦时（MW·h）；

W_{fd}——发电量，单位为兆瓦时（MW·h）；

W_{cy}——生产厂用电量，单位为兆瓦时（MW·h）。

b）对于热电联产机组，供电量为发电量与发电厂用电量之差，采用公式（7）和（8）计算。如出现月度生产厂用电量大于发电量的情形，不适用如下公式，当月供电量计为0。

$$W_{gd}=W_{fd}-W_{dcy} \qquad (7)$$
$$W_{dcy}=(W_{cy}-W_{rcy}) \times (1-a) \qquad (8)$$

式中：W_{gd}——供电量，单位为兆瓦时（MW·h）；

W_{fd}——发电量，单位为兆瓦时（MW·h）；

W_{cy}——生产厂用电量，单位为兆瓦时（MW·h）；

W_{rcy}——供热专用的厂用电量，指纯热网用的厂用电量如热网循环泵等只与供热有关的设备用电量，单位为兆瓦时（MW·h）；当无供热专用厂用电量计量时，该值可取0；

W_{dcy}——发电厂用电量，单位为兆瓦时（MW·h）；

a——供热比，以%表示。

9.1.2　数据的监测与获取

9.1.2.1　发电量、供电量和厂用电量应根据企业电表记录的读数获取或计算，并符合DL/T 904和DL/T 1365等国家和行业标准中的要求。

9.1.2.2　发电设施的发电量和供电量不包括应急柴油发电机的发电量。如果存在应急柴油发电机所发的电量供给发电机组消耗的情形，那么应急柴油发电机所发电量应计入厂用电量，在计算供电量时予以扣除。

9.1.2.3　除尘及脱硫脱硝装置消耗电量均应计入厂用电量，不区分委托运营或合同能源管理等形式的差异。

9.1.2.4　属于下列情况之一的，不计入厂用电的计算：

a）新设备或大修后设备的烘炉、暖机、空载运行的电量；

b）新设备在未正式移交生产前的带负荷试运行期间耗用的电量；

c）计划大修以及基建、更改工程施工用的电量；

d）发电机作调相机运行时耗用的电量；

e）厂外运输用自备机车、船舶等耗用的电量；

f）输配电用的升、降压变压器（不包括厂用变压器）、变波机、调相机等消耗的电量；

g）非生产用（修配车间、副业、综合利用等）的电量。

9.2　供热量

9.2.1　计算公式

供热量为锅炉不经汽轮机直供蒸汽热量、汽轮机直接供热量与汽轮机间接供热量之和，不含烟气余热利用供热。采用公式（9）和（10）计算。其中Q_{zg}和Q_{jg}计算方法参考DL/T 904中相关要求。

$$Q_{gr} = \sum Q_{gl} + \sum Q_{jz} \tag{9}$$

$$\sum Q_{jz} = \sum Q_{zg} + \sum Q_{ig} \tag{10}$$

式中：Q_{gr}——供热量，单位为吉焦（GJ）；

$\sum Q_{gl}$——锅炉不经汽轮机直接或经减温减压后向用户提供热量的直供蒸汽热量之和，单位为吉焦（GJ）；

$\sum Q_{jz}$——汽轮机向外供出的直接供热量和间接供热量之和，单位为吉焦（GJ）；

$\sum Q_{zg}$——由汽轮机直接或经减温减压后向用户提供的直接供热量之和，单位为吉焦（GJ）；

$\sum Q_{jg}$——通过热网加热器等设备加热供热介质后间接向用户提供热量的间接供热量之和，单位为吉焦（GJ）。

9.2.2　数据的监测与获取

9.2.2.1　对外供热是指向除发电设施汽水系统（除氧器、低压加热器、高压加热器等）之外的热用户供出的热量。

9.2.2.2　如果企业供热存在回水，计算供热量时应扣减回水热量，回水热量按照公式（12）计算。

9.2.2.3　蒸汽及热水温度、压力数据按以下优先序获取：

a）计量或控制系统的实际监测数据，宜采用月度算数平均值，或运行参数范围内经验值；

b）相关技术文件或运行规程规定的额定值。

9.2.2.4　供热量数据应每月进行计量并记录，年度值为每月数据累计之和，按以下优先序获取：

a）直接计量的热量数据；

b）结算凭证上的数据。

9.2.3　热量的单位换算

以质量单位计量的蒸汽可采用公式（11）转换为热量单位。

$$AD_{st}=Ma_{st}\times(En_{st}-83.74)\times10^{-3} \tag{11}$$

式中：AD_{st}——蒸汽的热量，单位为吉焦（GJ）；

Ma_{st}——蒸汽的质量，单位为吨蒸汽（t）；

En_{st}——蒸汽所对应的温度、压力下每千克蒸汽的焓值，取值参考相关行业标准，单位为千焦/千克（kJ/kg）；

83.74——给水温度为20℃时的焓值，单位为千焦/千克（kJ/kg）。

以质量单位计量的热水可采用公式（12）转换为热量单位。

$$AD_w = Ma_w \times (T_w - 20) \times 4.186\,8 \times 10^{-3} \qquad (12)$$

式中：AD_w——热水的热量，单位为吉焦（GJ）；

Ma_w——热水的质量，单位为吨（t）；

T_w——热水的温度，单位为摄氏度（℃）；

20——常温下水的温度，单位为摄氏度（℃）；

4.186 8——水在常温常压下的比热，单位为千焦/（千克·摄氏度）

［kJ/（kg·℃）］。

9.3 供热比

9.3.1 计算公式

重点排放单位应按照如下方法计算月度和年度供热比数据。供热比年度结果根据每月累计得到的全年供热量、产热量或耗煤量等进行计算。供热比月度结果用于数据可靠性的对比分析和验证。

a）当存在锅炉向外直供蒸汽的情况时，供热比为统计期内供热量与锅炉总产热量之比。

$$a = \frac{\sum Q_{gr}}{\sum Q_{cr}} \qquad (13)$$

式中：a——供热比，以%表示；

$\sum Q_{gr}$——供热量，单位为吉焦（GJ）；

$\sum Q_{cr}$——锅炉总产热量，为主蒸汽与主给水热量差值，单位为吉焦（GJ）；

其中，

$$\sum Q_{cr} = (D_{zq} \times h_{zq} - D_{gs} \times h_{gs} + D_{zr} \times \Delta h_{zr}) \times 10^{-3} \qquad (14)$$

式中：$\sum Q_{cr}$——锅炉总产热量，单位为吉焦（GJ）；

D_{zq}——锅炉主蒸汽量，单位为吨（t）；

h_{zq}——锅炉主蒸汽焓值，单位为千焦/千克（kJ/kg）；

D_{gs}——锅炉给水量，单位为吨（t），没有计量的可按给水比主蒸汽为
　　　1：1计算；

h_{gs}——锅炉给水焓值，单位为千焦/千克（kJ/kg）；

D_{zr}——再热器出口蒸汽量，单位为吨（t），非再热机组或数据不可
　　　得时取0；

Δh_{zr}——再热蒸汽热段与冷段焓值差值，单位为千焦/千克（kJ/kg）。

b）当锅炉无向外直供蒸汽时，参考DL/T 904计算方法中的要求计算供热比，即指统计期内汽轮机向外供出的热量与汽轮机总耗热量之比，可采用公式（15）计算：

$$a = \frac{\sum Q_{jz}}{\sum Q_{sr}} \tag{15}$$

式中：a——供热比，以%表示；

　$\sum Q_{jz}$——汽轮机向外供出的热量，为机组直接供热量和间接供热量之和，
　　　　单位为吉焦（GJ）；机组直接供热量和间接供热量的计算参考
　　　　DL/T 904中相关要求；

　$\sum Q_{sr}$——汽轮机总耗热量，单位为吉焦（GJ）。当无法按照DL/T 904
　　　　计算汽轮机总耗热量或数据不可得时，可按汽轮机总耗热量相当
　　　　于锅炉总产出的热量进行简化计算。

c）当按照上述计算方式中锅炉产热量、汽轮机组耗热量等相关数据无法获得时，供热比可采用公式（16）计算。

$$a = \frac{b_r \times Q_{gr}}{B_h} \tag{16}$$

式中：a——供热比，以%表示；

　b_r——机组单位供热量所消耗的标准煤量，单位为吨标准煤/吉焦

（tce/GJ）；

　　Q_{gr}——供热量，单位为吉焦（GJ）；

　　B_h——机组耗用总标准煤量，单位为吨标准煤（tce）。

　　d）对于燃气蒸汽联合循环发电机组（CCPP）存在外供热量的情况，供热比可采用供热量与燃气产生的热量之比的简化方式，采用公式（17）和（18）进行计算。

$$a=\frac{Q_{gr}}{Q_{rq}} \qquad (17)$$

$$Q_{rq}=FC_{rq} \times NCV_{rq} \qquad (18)$$

式中：a——供热比，以%表示；

　　Q_{gr}——供热量，单位为吉焦（GJ）；

　　Q_{rq}——燃气产生的热量，单位为吉焦（GJ）；

　　FC_{rq}——燃气消耗量，单位为万标准立方米（10^4Nm^3）；

　　NCV_{rq}——燃气低位发热量，单位为吉焦/万标准立方米（$GJ/10^4Nm^3$）。

9.3.2　数据的监测与获取

9.3.2.1　锅炉产热量、汽轮机组耗热量和供热量等相关参数的监测与获取参考DL/T 904和GB 35574的要求。

9.3.2.2　相关参数按以下优先序获取：

　　a）生产系统记录的实际运行数据；

　　b）结算凭证上的数据；

　　c）相关技术文件或铭牌规定的额定值。

9.4　供电煤（气）耗和供热煤（气）耗

9.4.1　计算公式

供电煤（气）耗和供热煤（气）耗参考GB 35574和DL/T 904等标准计算方法中的要求计算，采用公式（19）和（20）计算。

$$b_g = \frac{(1-a) \times B_h}{W_{gd}} \qquad (19)$$

$$b_r = \frac{a \times B_h}{Q_{gr}} \qquad (20)$$

式中：a——供热比，以%表示；

    b_r——机组单位供热量所消耗的标准煤（气）量，单位为吨标准煤/吉焦（tce/GJ）或万标准立方米/吉焦（$10^4 Nm^3$/GJ）；

    b_g——机组单位供电量所消耗的标准煤（气）量，单位为吨标准煤/兆瓦时（tce/MW·h）或万标准立方米/兆瓦时（$10^4 Nm^3$/MW·h）；

    Q_{gr}——供热量，单位为吉焦（GJ）；

    W_{gd}——供电量，单位为兆瓦时（MW·h）；

    B_h——机组耗用总标准煤（气）量，单位为吨标准煤（tce）或万标准立方米（$10^4 Nm^3$）。

当上述供热比等相关数据不可得时，可不区分机组类型，采用反算法简化计算获取供热煤耗，即把1GJ供热量折算成标准煤0.034 12 tce，再除以管道效率、锅炉效率和换热器效率计算得出供热煤耗，采用公式（21）计算。

$$b_r = \frac{0.034\ 12}{\eta_{gl} \times \eta_{gd} \times \eta_{hh}} \qquad (21)$$

式中：b_r——机组单位供热量所消耗的标准煤量，单位为吨标准煤/吉焦（tce/GJ）；

    η_{gl}——锅炉效率，来源于企业锅炉效率测试试验数据，没有实测数据时采用设计值，以%表示；

    η_{gd}——管道效率，取缺省值99%；

    η_{hh}——换热器效率，对有换热器的间接供热，换热器效率采用数值为95%；如没有则换热器效率可取100%。

9.4.2 数据的监测与获取

相关参数按以下优先序获取：

a）企业生产系统的实测数据；

b）相关设备设施的设计值/标称值；

c）采用公式（19）和（20）的计算方法，此时供热比不能采用公式（16）获得。

9.5 供电碳排放强度和供热碳排放强度

9.5.1 计算公式

供电碳排放强度和供热碳排放强度可采用公式（22）、（23）、（24）和（25）计算。

$$S_{gd} = \frac{E_{gd}}{W_{gd}} \tag{22}$$

$$S_{gr} = \frac{E_{gr}}{Q_{gr}} \tag{23}$$

$$E_{gd} = (1-a) \times E \tag{24}$$

$$E_{gr} = a \times E \tag{25}$$

式中：S_{gd}——供电碳排放强度，即机组每供出 1 MW·h 的电量所产生的二氧化碳排放量，单位为吨二氧化碳/兆瓦时（tCO_2/MW·h）；

E_{gd}——统计期内机组供电所产生的二氧化碳排放量，单位为吨二氧化碳（tCO_2）；

W_{gd}——供电量，单位为兆瓦时（MW·h）；

S_{gr}——供热碳排放强度，即机组每供出1GJ的热量所产生的二氧化碳排放量，单位为吨二氧化碳/吉焦（tCO_2/GJ）；

E_{gr}——统计期内机组供热所产生的二氧化碳排放量，单位为吨二氧化碳（tCO_2）；

Q_{gr}——供热量，单位为吉焦（GJ）；

a——供热比，以%表示；

E——二氧化碳排放量，单位为吨二氧化碳（tCO_2）。

9.6　运行小时数和负荷（出力）系数

9.6.1　计算公式

运行小时数和负荷（出力）系数采用生产数据。合并填报时采用公式（26）和（27）计算。

$$t=\frac{\sum_{i}^{n}t_i\times P_{ei}}{\sum_{i}^{n}P_{ei}} \tag{26}$$

$$X=\frac{\sum_{i}^{n}W_{fdi}}{\sum_{i}^{n}P_{ei}\times t_i} \tag{27}$$

式中：t——运行小时数，单位为小时（h）；

　　　X——负荷（出力）系数，以%表示；

　　　W_{fd}——发电量，单位为兆瓦时（MW·h）；

　　　P_e——机组容量，单位为兆瓦（MW），应以发电机实际额定功率为准，

　　　　　　可采用排污许可证载明信息、机组运行规程、铭牌等进行确认；

　　　i——机组代号。

9.6.2　数据的监测与获取

9.6.2.1　运行小时数和负荷（出力）系数按以下优先序获取：

a）企业生产系统数据；

b）企业统计报表数据。

9.6.2.2　多台机组合并填报，按公式（26）和（27）核算发电机组负荷

（出力）系数时，不应将备用机组参与加权平均计算。可将备用机组和被调剂机组的运行小时数加和，作为一台机组计算。

10. 数据质量控制计划

10.1　数据质量控制计划的内容

重点排放单位应按照本指南中各类数据监测与获取要求，结合现有测量能力和条件，制定数据质量控制计划，并按照附录B的格式要求进行填报。数据质量控制计划中所有数据的计算方式与获取方式应符合本指南的要求。

数据质量控制计划应包括以下内容：

a）数据质量控制计划的版本及修订情况；

b）重点排放单位情况：包括重点排放单位基本信息、主营产品、生产工艺、组织机构图、厂区平面分布图、工艺流程图等内容；

c）按照本指南确定的实际核算边界和主要排放设施情况：包括核算边界的描述，设施名称、类别、编号、位置情况等内容；

d）数据的确定方式：包括所有活动数据、排放因子和生产数据的计算方法，数据获取方式，相关测量设备信息（如测量设备的名称、型号、位置、测量频次、精度和校准频次等），数据缺失处理，数据记录及管理信息等内容。测量设备精度及设备校准频次要求应符合相应计量器具配备要求；

e）数据内部质量控制和质量保证相关规定：包括数据质量控制计划的制定、修订以及执行等管理程序，人员指定情况，内部评估管理，数据文件归档管理程序等内容。

10.2　数据质量控制计划的修订

重点排放单位在以下情况下应对数据质量控制计划进行修订，修订内容应符合实际情况并满足本指南的要求：

a）排放设施发生变化或使用计划中未包括的新燃料或物料而产生的排放；

b）采用新的测量仪器和方法，使数据的准确度提高；

c）发现之前采用的测量方法所产生的数据不正确；

d）发现更改计划可提高报告数据的准确度；

e）发现计划不符合本指南核算和报告的要求；

f）生态环境部明确的其他需要修订的情况。

10.3　数据质量控制计划的执行

重点排放单位应严格按照数据质量控制计划实施温室气体的测量活动，并符合以下要求：

a）发电设施基本情况与计划描述一致；

b）核算边界与计划中的核算边界和主要排放设施一致；

c）所有活动数据、排放因子和生产数据能够按照计划实施测量；

d）测量设备得到了有效的维护和校准，维护和校准能够符合计划、核算标准、国家要求、地区要求或设备制造商的要求，否则应采取符合保守原则的处理方法；

e）测量结果能够按照计划中规定的频次记录；

f）数据缺失时的处理方式能够与计划一致；

g）数据内部质量控制和质量保证程序能够按照计划实施。

11. 数据质量管理要求

重点排放单位应加强发电设施温室气体数据质量管理工作，包括但不限于：

a）建立温室气体排放核算和报告的内部管理制度和质量保障体系，包括明确负责部门及其职责、具体工作要求、数据管理程序、工作时间节点等。指定专职人员负责温室气体排放核算和报告工作。

b）委托检测机构/实验室检测燃煤元素碳含量、低位发热量等参数时，应确保被委托的检测机构/实验室通过CMA认定或CNAS认可且认可项包括燃煤元素碳含量、低位发热量，其出具的检测报告应盖有CMA或CNAS标识章。受委托的检测机构/实验室不具备相关参数检测能力的、检测报告不符合规范要求的或不能证实报告载明信息可信的，检测结果不予认可。检测报告应载明收到样品时间、样品对应的月份、样品测试标准、收到样品重量和样品测试结果对应的状态（收到基、干燥基或空气干燥基）。

c）应保留检测机构/实验室出具的检测报告及相关材料备查，包括但不限于样品送检记录、样品邮寄单据、检测机构委托协议及支付凭证、咨询服务机构委托协议及支付凭证等。

d）积极改进自有实验室管理，满足GB/T 27025对人员、设施和环境条件、设备、计量溯源性、外部提供的产品和服务等资源要求的规定，确保使用适当的方法和程序开展取样、检测、记录和报告等实验室活动。鼓励重点排放单位对燃煤样品的采样、制样和化验的全过程采用影像等可视化手段，保存原始记录备查。因相关记录管理和保存不善或缺失，进而导致元素碳含量或燃煤低位发热量数据无法采信的，应选取本指南中规定的缺省值等保守方式处理。

e）所有涉及本指南中元素碳含量、低位发热量检测的煤样，应留存日综合煤样和月缩分煤样一年备查。煤样的保存应符合GB/T 474或GB/T 19494.2中的相关要求。

f）定期对计量器具、检测设备和测量仪表进行维护管理，并记录存档。

g）建立温室气体数据内部台账管理制度。台账应明确数据来源、数据获取时间及填报台账的相关责任人等信息。排放报告所涉及数据的原始记录和管理台账应至少保存五年，确保相关排放数据可被追溯。委托的检测机构/实验室应同时符合本指南和资质认可单位的相关规定。

h）建立温室气体排放报告内部审核制度。定期对温室气体排放数据进行交叉校验，对可能产生的数据误差风险进行识别，并提出相应的解决方案。

i）规定了优先序的各参数，应按照规定的优先级顺序选取，在之后各核算年度的获取优先序不应降低。

j）相关参数未按本指南要求测量或获取时，采用生态环境部发布的相关参数值核算其排放量。

k）鼓励有条件的企业加强样品自动采集与分析技术应用，采取创新技术手段，加强原始数据防篡改管理。

12. 定期报告要求

重点排放单位应在每个月结束之后的40个自然日内，按生态环境部要求在报送平台存证该月的活动数据、排放因子、生产相关信息和必要的支撑材料，并于每年3月31日前按照附录C的要求编制提交上一年度的排放报告，包括基本信息、机组及生产设施信息、活动数据、排放因子、生产相关信息、支撑材料等温室气体排放及相关信息。

a）重点排放单位基本信息

重点排放单位应报告重点排放单位名称、统一社会信用代码、排污许可证编号等基本信息。

b）机组及生产设施信息

重点排放单位应报告每台机组的燃料类型、燃料名称、机组类型、装机容量、汽轮机排汽冷却方式，以及锅炉、汽轮机、发电机、燃气轮机等主要生产设施的名称、编号、型号等相关信息。

c）活动数据和排放因子

重点排放单位应报告化石燃料消耗量、元素碳含量、低位发热量（如涉及）、单位热值含碳量（如涉及）、机组购入使用电量和电网排放因子数据。

d）生产相关信息

重点排放单位应报告发电量、供电量、供热量、供热比、供电煤（气）耗、供热煤（气）耗、运行小时数、负荷（出力）系数、供电碳排放强度、供热碳排放强度等数据。

e）支撑材料

重点排放单位应在排放报告中说明各项数据的来源并报送相关支撑材料，

支撑材料应与各项数据的来源一致，并符合本指南中的报送要求。报送提交的原始检测记录中应明确显示检测依据（方法标准）、检测设备、检测人员和检测结果。

13. 信息公开要求

重点排放单位应按生态环境部要求，接受社会监督，并按照附录D的格式要求在履约期结束后公开该履约期相关信息。

a）基本信息

重点排放单位应公开排放报告中的单位名称、统一社会信用代码、排污许可证编号、法定代表人姓名、生产经营场所地址及邮政编码、行业分类、纳入全国碳市场的行业子类等信息。

b）机组及生产设施信息

重点排放单位应公开排放报告中的燃料类型、燃料名称、机组类型、装机容量、锅炉类型、汽轮机类型、汽轮机排汽冷却方式、负荷（出力）系数等信息。

c）低位发热量和元素碳含量的确定方式

重点排放单位应公开排放报告中的元素碳含量和低位发热量（如涉及）确定方式，自行检测的应公开检测设备、检测频次、设备校准频次和测定方法标准信息，委托检测的应公开委托机构名称、检测报告编号、检测日期和测定方法标准信息，未实测的应公开选取的缺省值。

d）排放量信息

重点排放单位应公开排放报告中全部机组的化石燃料燃烧排放量、购入使用电力排放量和二氧化碳排放总量。

e）生产经营变化情况

重点排放单位应公开生产经营变化情况，至少包括重点排放单位合并、分立、关停或搬迁情况，发电设施地理边界变化情况，主要生产运营系统关停或新增项目生产等情况以及其他较上一年度变化情况。

f）编制温室气体排放报告的技术服务机构情况

重点排放单位应公开编制温室气体排放报告的技术服务机构名称和统一社会信用代码。

g）清缴履约情况

重点排放单位应公开是否完成清缴履约。

附录A　相关参数的缺省值

附表A.1　常用化石燃料相关参数缺省值

能源名称	计量单位	低位发热量e （GJ/t，GJ/10⁴Nm³）	单位热值含碳量 （tC/GJ）	碳氧化率 （%）
原油	t	41.816[a]	0.020 08[b]	98[b]
燃料油	t	41.816[a]	0.021 1[b]	
汽油	t	43.070[a]	0.018 9[b]	
煤油	t	43.070[a]	0.019 6[b]	
柴油	t	42.652[a]	0.020 2[b]	
液化石油气	t	50.179[a]	0.017 2[b]	
炼厂干气	t	45.998[a]	0.018 2[b]	
天然气	10⁴Nm³	389.31[a]	0.015 32[b]	99[b]
焦炉煤气	10⁴Nm³	173.54[d]	0.012 1[c]	
高炉煤气	10⁴Nm³	33.00[a]	0.070 8[c]	
转炉煤气	10⁴Nm³	84.00[d]	0.049 6[c]	
其他煤气	10⁴Nm³	52.27[a]	0.012 2[c]	

注：[a]数据取值来源为《中国能源统计年鉴2019》。
　　[b]数据取值来源为《省级温室气体清单编制指南（试行）》。
　　[c]数据取值来源为《2006年IPCC国家温室气体清单指南》。
　　[d]数据取值来源为《中国温室气体清单研究》。
　　[e]根据国际蒸汽表卡换算，本指南热功当量值取4.186 8 kJ/kcal。

附录B 数据质量控制计划要求

B.1 数据质量控制计划的版本及修订

版本号	制定（修订）内容	制定（修订）时间	备注

B.2 重点排放单位情况

1.单位简介
（至少包括：成立时间、所有权状况、法定代表人、组织机构图和厂区平面分布图）

2.主营产品
（至少包括：主营产品的名称及产品代码）

3.主营产品及生产工艺
（至少包括：每种产品的生产工艺流程图及工艺流程描述，并在图中标明温室气体排放设施，对于涉及及化学反应的工艺需写明化学反应方程式）

B.3 核算边界和主要排放设施描述

1.核算边界的描述
（应包括核算边界所包含的装置、所对应的地理边界、组织单元和生产过程）

2.主要排放设施

机组名称	设施类别	设施编号	设施名称	排放设施安装位置	是否纳入核算边界	备注说明
（1#机组）	（锅炉）	（MF143）	（煤粉锅炉）	（二厂区第三车间东）	（是）	

续表

B.4　数据的确定方式

机组名称	参数名称	单位	数据的计算方法及获取方式①		测量设备（适用于数据获取方式来源于实测值）					数据记录频次	数据缺失时的处理方式	数据获取负责部门
			获取方式②	具体描述	测量设备及型号	测量设备安装位置	测量频次	测量设备精度	规定的测量设备校准频次			
1#机组	二氧化碳排放量	tCO₂	计算值									
	化石燃料燃烧排放量	tCO₂										
	燃煤品种消耗量	t										
	燃煤品种元素碳含量	tC/t										
	燃煤品种低位发热量	GJ/t										
	燃煤品种单位热值含碳量	tC/GJ	缺省值	/	/	/	/	/	/	/	/	/
	燃煤品种碳氧化率	%	缺省值	/	/	/	/	/	/	/	/	/
	燃油品种消耗量	t										
	燃油品种元素碳含量	tC/t										
	燃油品种低位发热量	GJ/t										
	燃油品种单位热值含碳量	tC/GJ										
	燃油品种碳氧化率	%	缺省值	/	/	/	/	/	/	/	/	/
	燃气品种消耗量	10⁴Nm³										
	燃气品种元素碳含量	tC/10⁴Nm³										
	燃气品种低位发热量	GJ/10⁴Nm³										
	燃气品种单位热值含碳量	tC/GJ	缺省值	/	/	/	/	/	/	/	/	/
	燃气品种碳氧化率	%	缺省值	/	/	/	/	/	/	/	/	/

①如果报告数据是由若干个参数通过一定的计算方法计算得出，需要填写计算公式以及计算公式中的每一个参数的获取方式。

②方式类型包括：实测值、缺省值、计算值、其他。

续表

B.4 数据的确定方式

机组名称	参数名称	单位	数据的计算方法及获取方式		测量设备（适用于数据获取方式来源于实测值）					数据记录频次	数据缺失时的处理方式	数据获取负责部门
			获取方式	具体描述	测量设备及型号	测量设备安装位置	测量频次	测量设备精度	规定的测量设备校准频次			
	购入电力排放量	tCO_2	计算值							/	/	/
	购入使用电量	MW·h			/	/	/	/		/		
	电网排放因子	$tCO_2/(MW·h)$	缺省值	/								
	发电量	MW·h										
	供电量	MW·h										
	供热量	GJ										
1#机组	供热比	%										
	供电煤耗	tce/(MW·h)										
	供电气耗	$10^4Nm^3/(MW·h)$										
	供热煤耗	tce/GJ										
	供热气耗	$10^4Nm^3/GJ$										
	运行小时数	h										
	负荷（出力）系数	%										
	供电碳排放强度	$tCO_2/(MW·h)$										
	供热碳排放强度	tCO_2/GJ										
	全部机组二氧化碳排放总量	tCO_2										

B.5 数据内部质量控制和质量保证相关规定

至少包括本指南要求的内容。

附录C　报告内容及格式要求

企业温室气体排放报告

发电设施

重点排放单位（盖章）：

报告年度：

编制日期：

根据生态环境部发布的《企业温室气体核算方法与报告指南 发电设施》及其修订版本等相关要求，本单位核算了年度温室气体排放量并填写了如下表格：

附表C.1　重点排放单位基本信息

附表C.2　机组及生产设施信息

附表C.3　化石燃料燃烧排放表

附表C.4　购入使用电力排放表

附表C.5　生产数据及排放量汇总表

附表C.6　低位发热量和元素碳含量的确定方式

声明

本单位对本报告的真实性、完整性、准确性负责。如本报告中的信息及支撑材料与实际情况不符，本单位愿承担相应的法律责任，并承担由此产生的一切后果。

特此声明。

法定代表人（或授权代表）：

重点排放单位（盖章）：

年/月/日

附表C.1 重点排放单位基本信息

重点排放单位名称	
统一社会信用代码	
单位性质（营业执照）	
法定代表人姓名	
注册日期	
注册资本（万元人民币）	
注册地址	
生产经营场所地址及邮政编码（省、市、县详细地址）	
发电设施经纬度	
报告联系人	
联系电话	
电子邮箱	
报送主管部门	
行业分类	发电行业
纳入全国碳市场的行业子类[*1]	4411（火力发电） 4412（热电联产） 4417（生物质能发电）
生产经营变化情况	至少包括： a）重点排放单位合并、分立、关停或搬迁情况； b）发电设施地理边界变化情况； c）主要生产运营系统关停或新增项目生产等情况； d）较上一年度变化，包括核算边界、排放源等变化情况。
本年度编制温室气体排放报告的技术服务机构名称[*2]	
编制温室气体排放报告的技术服务机构统一社会信用代码	

填报说明：

[*1]行业代码应按照国家统计局发布的国民经济行业分类GB/T 4754要求填报。自备电厂不区分行业，发电设施参照电力行业代码填报。掺烧化石燃料燃烧的生物质发电设施需填报，纯使用生物质发电的无需填报。

[*2]编制温室气体排放报告的技术服务机构是指为重点排放单位提供本年度碳排放核算、报告编制或碳资产管理等咨询服务机构，不包括开展碳排放核查/复查的机构。

附表C.2 机组及生产设施信息

机组名称	信息项			填报内容
	燃料类型*2			（示例：燃煤、燃油、燃气）明确具体种类
	燃料名称			（示例：无烟煤、柴油、天然气）
	机组类别*3			（示例：热电联产机组，循环流化床）
	装机容量（MW）*4			（示例：630）
1#机组*1	燃煤机组	锅炉	锅炉名称	（示例：1#锅炉）
			锅炉类型	（示例：煤粉炉）
			锅炉编号*5	（示例：MF001）
			锅炉型号	（示例：HG-2030/17.5-YM）
			生产能力	（示例：2 030 t/h）
		汽轮机	汽轮机名称	（示例：1#）
			汽轮机类型	（示例：抽凝式）
			汽轮机编号	（示例：MF002）
			汽轮机型号	（示例：N630-16.7/538/538）
			压力参数*6	（示例：中压）
			额定功率	（示例：630）
			汽轮机排汽冷却方式*7	（示例：水冷-开式循环）
		发电机	发电机名称	（示例：1#）
			发电机编号	（示例：MF003）
			发电机型号	（示例：QFSN-630-2）
			额定功率	（示例：630）
	燃气机组	名称/编号/型号/额定功率		
	燃气蒸汽联合循环发电机组（CCPP）	名称/编号/型号/额定功率		
	燃油机组	名称/编号/型号/额定功率		
	整体煤气化联合循环发电机组（IGCC）	名称/编号/型号/额定功率		
	其他特殊发电机组	名称/编号/型号/额定功率		
…				

填报说明：
[1]按发电机组进行填报，如果机组数多于1个，应分别填报。对于CCPP，视为一台机组进行填报。合并填报的参数计算方法应符合本指南要求。同一法人边界内有两台或两台以上机组合并填报的，适用于以下要求：
　a）对于母管制系统，或其他存在燃料消耗量、供电量或者供热量中有任意一项无法分机组计量的，可合并填报；
　b）如果仅有元素碳含量、低位发热量无法分机组计量的，并且各机组煤样是从同一个入炉煤皮带秤或耐压式计量给煤机上采取的，可采用全厂实测的相同数值分机组填报；
　c）如果机组辅助燃料量无法分机组计量的，可按机组发电量比例分配或其他合理方式分机组填报；
　d）如果合并填报机组中既有纯凝发电机组也有热电联产机组的，按照热电联产机组填报；
　e）如果合并填报机组中汽轮机排汽冷却方式不同（包括水冷、空冷或为背压机组）并且无法分机组填报的，应符合当年适用的配额分配方案，无规定时应遵循保守性原则；
　f）如果母管制合并填报机组中既有常规燃煤锅炉也有非常规燃煤锅炉并且无法单独计量的，应符合当年适用的配额分配方案，无规定时当非常规燃煤锅炉产热量为总产热量80%及以上时可按照非常规燃煤机组填报；
　g）四种机组类型（燃气机组、300 MW等级以上常规燃煤机组、300 MW等级及以下常规燃煤机组、非常规燃煤机组）跨机组类型合并填报时，应符合当年适用的配额分配方案，无规定时应遵循保守性原则；
　h）对于化石燃料掺烧生物质发电的，仅统计燃料中化石燃料的二氧化碳排放，并应计算掺烧化石燃料热量年均占比。对于燃烧生物质锅炉与化石燃料锅炉产生蒸汽母管制合并填报的，在无法拆分时可按掺烧处理，统计燃料中全部化石燃料的二氧化碳排放，并应计算掺烧化石燃料热量年均占比。
[2]燃料类型按照燃煤、燃油或者燃气划分，可采用机组运行规程或铭牌信息等进行确认。
[3]对于燃煤机组，机组类别指：纯凝发电机组、热电联产机组，并注明是否循环流化床机组、IGCC机组；对于燃气机组，机组类别指：B级、E级、F级、H级、分布式等，可采用排污许可证载明信息、机组运行规程、铭牌等进行确认。
[4]以发电机实际额定功率为准，可采用排污许可证载明信息、机组运行规程、铭牌等进行确认。
[5]锅炉、汽轮机、发电机等主要设施的编号统一采用排污许可证中对应编码。
[6]对于燃煤机组，压力参数指：中压、高压、超高压、亚临界、超临界、超超临界。
[7]汽轮机排汽冷却方式是指汽轮机凝汽器的冷却方式，可采用机组运行规程或铭牌信息等进行填报。冷却方式为水冷的，应明确是否为开式循环或闭式循环；冷却方式为空冷的，应明确是否为直接空冷或间接空冷。对于背压机组、内燃机组等特殊发电机组，仅需注明，不填写冷却方式。

附表C.3 化石燃料燃烧排放表

机组[1]	参数[2][3]	单位	1月	2月	3月	4月	5月	6月	7月	8月	9月	10月	11月	12月	全年[4]
1#机组	A 燃料消耗量	t或10^4Nm^3													（合计值）
	B 收到基元素碳含量	tC/t													（加权平均值）
	C 燃料低位发热量	GJ/t或 GJ/10^4Nm^3													（加权平均值）
	D 单位热值含碳量	tC/GJ													（缺省值）
	E 碳氧化率	%													（缺省值）
	$F=A×B×44/12$或 $G=A×C×D×E×44/12$ 化石燃料燃烧排放量	tCO_2													（合计值）
...															

填报说明：

[1] 如果机组数多于1个，应分别填报。对于有多种燃料类型的，按不同燃料类型分机组进行填报。

[2] 各参数按照指南给出的方式计算和获取。对于有多种燃料获取，单位热值含碳量、单位热值发热量，应与燃料消耗量的状态一致，优先采用实测值。

[3] 各参数数据按四舍五入保留小数位如下：
a) 燃煤、燃油消耗量单位为t，燃气消耗量单位为10^4Nm^3，保留到小数点后三位；
b) 燃油、燃气低位发热量单位为GJ/t，燃气低位发热量单位为GJ/10^4Nm^3，保留到小数点后五位；
c) 收到基元素碳含量单位为tC/t，保留到小数点后四位；
d) 单位热值含碳量单位为tC/GJ，保留到小数点后五位；
e) 化石燃料燃烧排放量单位为tCO_2，保留到小数点后两位。

[4] 报送和存证下述必委的支持材料：
a) 对于使用生产系统记录的燃料消耗量数据的，提供每日/每月消耗量原始记录或台账（盖章扫描件）；
b) 对于使用购销存台账中的燃煤消耗量数据的，提供月度/年度生产报表（盖章扫描件）；

c) 对于使用供应商结算凭证的购入量数据的，提供月度/年度燃料购销存记录（盖章扫描件）；
d) 对于自行检测的燃料低位发热量（如涉及）、元素碳含量的，提供每日/每月燃料检测记录或煤质分析原始记录（盖章扫描件）；
e) 对于委外检测元素碳含量的，提供有资质的外部检测机构/实验室出具的检测报告（应包含元素碳含量、低位发热量、氢含量、全硫、水分等数据）；
f) 对于每月进行加权计算的燃料低位发热量，提供体现加权计算过程的Excel表。

附表C.4 购入使用电力排放表

机组*1		参数*2	单位	1月	2月	3月	4月	5月	6月	7月	8月	9月	10月	11月	12月	全年*5
1#机组	H	购入使用电量*3	$MW \cdot h$													（合计值）
	I	电网排放因子	$tCO_2/MW \cdot h$													（缺省值）
	J=H×I	购入电力排放量*4	tCO_2													（合计值）
…																

填报说明：
*1 如果机组数多于1个，应分别填报。
*2 如果购入使用电量无法分机组，可按机组数目平分。
*3 购入使用电量单位为$MW \cdot h$，四舍五入保留到小数点后三位。
*4 购入使用电力对应的排放量单位为tCO_2，四舍五入保留到小数点后两位。
*5 报送和存证下述必要的支撑材料：
a) 对于使用电表记录读数计算购入使用电量的，提供每月电量统计原始记录（盖章扫描件）；
b) 对于使用电费结算凭证计算上的购入使用电量的，提供每月电费结算凭证（如适用）。

附表C.5 生产数据及排放量汇总表

机组*1	参数*2*3	单位	1月	2月	3月	4月	5月	6月	7月	8月	9月	10月	11月	12月	全年
1#机组	K 发电量	MW·h													(合计值)
	L 供电量	MW·h													(合计值)
	M 供热量	GJ													(合计值)
	N 供热比	%													(计算值)
	O 供电煤(气)耗	tce/(MW·h)或10^{4}Nm^3/(MW·h)													(计算值)
	P 供热煤(气)耗	tce/GJ或10^{4}Nm^3/GJ													(计算值)
	Q 运行小时数	h													(合计值或计算值)
	R 负荷(出力)系数	%													(计算值)
	S 供电碳排放强度	tCO$_2$/(MW·h)													(计算值)
	T 供热碳排放强度	tCO$_2$/GJ													(计算值)
	U=G+J 机组二氧化碳排放量	tCO$_2$													(合计值)
...	全部机组二氧化碳排放总量	tCO$_2$													(合计值)

填报说明：

*1 如果机组数多于1个，应分别填报。

*2 各参数按四舍五入保留五位小数填报如下：

a）电量单位为MW·h，保留到小数点后三位；

b）热量单位为GJ，保留到小数点后两位；

c）熔值单位为kJ/kg，保留到小数点后两位；

d）供热热比以%表示，保留到小数点后两位，如12.34%；

e）供电电煤（气）耗单位为tce/MW·h或10^4Nm³/MW·h，供热煤（气）耗单位为tce/GJ或10^4Nm³/GJ，均保留到小数点后五位；

f）运行小时数单位为h，保留到整数位；负荷（出力）系数以%表示，保留到小数点后两位；

g）供电碳排放强度单位为tCO_2/MW·h，供热碳排放强度单位为tCO_2/GJ，均保留到小数点后三位；

h）机组二氧化碳排放量单位为tCO_2，四舍五入保留整数位。

*3 报送和存证下述必要的支撑材料：

a）对于供电量、供热量、负荷系数等各项生产数据，提供每月电厂技术经济报表或生产报表（盖章扫描件）；

b）对于各项生产数据，提供年度电厂技术经济报表或生产报表（盖章扫描件）；

c）对于按照标准要求计算的供电量，提供体现计算过程的Excel表；

d）对于供热量涉及换算的，提供包括熔值换算比，提供体现计算过程的Excel表；

e）对于按照标准要求计算的供热热比，提供体现计算过程的Excel表；

f）根据选取的供热比计算方法提供相关参数验证据相关参数验证据（如蒸汽量、给水量、蒸汽温度、蒸汽压力等）（盖章扫描件）；

g）对于运行小时数和负荷（出力）系数，提供体现计算过程的Excel表。

附表C.6 低位发热量和元素碳含量的确定方式

机组	参数[*1]	月份	自行检测				委托检测				未实测
			检测设备	检测频次	设备校准频次	测定方法标准	委托机构名称	检测报告编号	检测日期	测定方法标准	缺省值
1#机组	元素碳含量	1月									
		2月									
		3月									
		…									
	低位发热量	1月									
		2月									
		3月									
		…									
…											

填报说明：
[*1]根据本指南要求，仅填报涉及计算和监测的参数。

附录D 温室气体重点排放单位信息公开表

D.1 基本信息

重点排放单位名称	
统一社会信用代码	
法定代表人姓名	
生产经营场所地址及邮政编码（省、市、县，详细地址）	
行业分类	
纳入全国碳市场的行业子类	

D.2 机组及生产设施信息

机组名称	信息项	内容
1#机组*1	燃料类型	（示例：燃煤、燃油、燃气）
	机组类别	（示例：300MW等级及以下常规燃煤机组）
	装机容量（MW）	（示例：300MW）
	锅炉类型	（示例：煤粉炉）
	汽轮机排汽冷却方式	（示例：水冷）
...		

*1 按发电机组进行填报，如果机组数量多于1个，应分别显示。

续表

D.3 低位发热量和元素碳含量的确定方式

机组	参数*1	月份	自行检测				委托检测				未实测
			检测设备	检测频次	设备校准频次	测定方法标准	委托机构名称	检测报告编号	检测日期	测定方法标准	缺省值
1#机组	元素碳含量	××年1月									
		2月									
		3月									
		…									
	低位发热量	××年1月									
		2月									
		3月									
		…									
…											

D.4 排放量信息

全部机组二氧化碳排放总量（tCO$_2$）

D.5 生产经营变化情况

如适用，应包括：
a) 重点排放单位合并、分立、关停或搬迁情况；
b) 发电设施地理边界变化情况；
c) 主要生产运营系统关停或新增项目生产等情况；
d) 较上一年度变化，包括核算边界、排放源等变化情况；
e) 其他变化情况。

D.6 编制温室气体排放报告的技术服务机构情况

编制温室气体排放报告的技术服务机构名称：

编制温室气体排放报告的技术服务机构统一社会信用代码：

D.7 清缴履约情况

重点排放单位是否完成对应履约期的配额清缴履约。

二、地方法规

1.《北京市人民代表大会常务委员会关于北京市在严格控制碳排放总量前提下开展碳排放权交易试点工作的决定》

（2013年12月27日北京市第十四届人民代表大会常务委员会第八次会议通过）

北京市第十四届人民代表大会常务委员会第八次会议听取审议了市人民政府关于本市碳排放权交易试点工作情况的报告。为保障试点工作的顺利开展，特作如下决定：

一、实行碳排放总量控制。市人民政府根据本市国民经济和社会发展计划，科学设立年度碳排放总量控制目标，严格碳排放管理，确保控制目标的实现和碳排放强度逐年下降。

二、实施碳排放配额管理和碳排放权交易制度。根据全市碳排放总量控制目标和年度减排指标，对本市行政区域内重点排放单位的二氧化碳排放实行配额管理。重点排放单位在配额许可范围内排放二氧化碳，其现有设施碳排放量应当逐年下降。碳排放配额可在市人民政府确定的交易机构进行交易，其他单位可自愿参与交易。市人民政府可以采取回购等方式调整碳排放总量。

三、实行碳排放报告和第三方核查制度。本市行政区域内年能源消耗2000吨标准煤（含）以上的法人单位应当按规定向市人民政府应对气候变化主管部门报送年度碳排放报告。重点排放单位应当同时提交符合条件的第三方核查机构的核查报告。市人民政府应对气候变化主管部门应当对排放报告和核查报告进行检查。

四、未按规定报送碳排放报告或者第三方核查报告的，由市人民政府应对气候变化主管部门责令限期改正；逾期未改正的，可以对排放单位处以5万元以下的罚款。重点排放单位超出配额许可范围进行排放的，由市人民政府应对气候变化主管部门责令限期履行控制排放责任，并可根据其超出配额许可范围的碳排放量，按照市场均价的3至5倍予以处罚。

五、市人民政府可以根据本决定确定的原则，制定碳排放权交易试点工作的具体办法。

六、本决定适用于碳排放权交易试点工作，自公布之日起施行。

2.《天津市碳达峰碳中和促进条例》

第一章 总则

第一条 为了促进实现碳达峰、碳中和目标，推动经济社会发展全面绿色转型，推进生态文明建设，根据有关法律、行政法规，结合本市实际，制定本条例。

第二条 本条例适用于本市行政区域内促进实现碳达峰、碳中和目标的相关活动。

第三条 本市促进实现碳达峰、碳中和目标，应当坚持"全国统筹、节约优先、双轮驱动、内外畅通、防范风险"的原则，实行碳达峰、碳中和目标有效衔接、联动实施、一体推进，建立部门协同、社会联动、公众参与的长效机制，以能源绿色低碳发展为关键，实施重点行业领域减污降碳，推动形成节约资源和保护环境的产业结构、生产方式、生活方式、空间格局。

第四条 本市建立碳达峰、碳中和工作领导机制，统筹推动碳达峰、碳中和工作，协调解决碳达峰、碳中和工作重大问题。

市人民政府应当科学编制并组织落实本市碳达峰行动方案，实施促进碳中和的政策措施，确保本市碳达峰、碳中和各项目标任务落实。

区人民政府应当落实碳达峰、碳中和任务，保证本行政区域内碳达峰、碳中和工作目标实现。

市和区人民政府应当每年向本级人民代表大会或者人民代表大会常务委员会报告碳达峰、碳中和工作情况，依法接受监督。

第五条　市发展改革部门负责碳达峰、碳中和工作领导机制的日常工作，组织落实碳达峰、碳中和工作领导机制的部署安排，协调推进碳达峰、碳中和相关工作。

发展改革、生态环境、工业和信息化、交通运输、住房城乡建设、城市管理、农业农村、规划资源等部门按照职责分工，做好本行业、本领域碳达峰、碳中和相关工作，保证本行业、本领域碳达峰、碳中和工作目标实现。

教育、科技、财政、水务、市场监管、统计、机关事务管理等部门按照职责分工，做好碳达峰、碳中和相关工作。

第六条　本市在地方立法、政策制定、规划编制、项目布局中，应当统筹考虑碳达峰、碳中和目标，落实控制碳排放的要求。

第七条　单位和个人应当树立绿色低碳发展理念，遵守资源能源节约和生态环境保护法律法规，自觉履行法定义务，积极参与碳达峰、碳中和相关活动。

第八条　本市充分发挥科技创新在碳达峰、碳中和工作中的支撑引领作用，促进绿色低碳技术创新与进步，推动低碳零碳负碳前沿技术研究开发，支持绿色低碳技术成果转化应用。

第九条　各级人民政府、有关单位应当积极开展碳达峰、碳中和宣传教育和科学知识普及，提高全社会绿色低碳意识，营造推动实现碳达峰、碳中和目标的良好社会氛围。

教育部门、学校应当将碳达峰、碳中和知识纳入学校教育内容，培养学生的绿色低碳意识。

公务员主管部门应当将碳达峰、碳中和知识纳入公务员教育培训内容。

新闻媒体应当开展碳达峰、碳中和知识公益宣传，对相关违法行为进行舆论监督。

第十条 本市加强与北京市、河北省及其他地区碳达峰、碳中和工作沟通协作，推动资源能源合作，促进绿色低碳科研合作和技术成果转化，协同推进绿色转型、节能降碳、增加碳汇等工作。

第二章 基本管理制度

第十一条 市和区人民政府应当将碳达峰、碳中和工作纳入国民经济和社会发展规划、计划。

市发展改革、生态环境部门应当会同有关部门，根据国家碳达峰、碳中和工作要求，组织编制和实施碳达峰、碳中和工作年度计划。

市发展改革、工业和信息化、交通运输、住房城乡建设、农业农村等部门应当将碳达峰、碳中和目标任务融入能源、工业与信息化、交通、建筑、农业农村等相关规划。

第十二条 本市按照国家规定实行碳排放强度和总量控制制度。

市和区人民政府及有关部门应当采取有效措施，确保完成碳排放强度和总量控制目标。

第十三条 本市按照国家规定建立健全碳排放统计核算体系。

市统计、发展改革、生态环境等部门应当按照各自职责，加强碳排放数据收集、评估核算及清单编制等工作。

第十四条 市生态环境部门应当会同有关部门，按照国家和本市有关规定制定纳入碳排放权交易的温室气体重点排放单位（以下简称重点排放单位）名录。重点排放单位以及符合有关规定的其他机构和个人可以参与碳排放权交易。

市生态环境部门应当加强对碳排放权交易相关活动的监督管理。

第十五条 本市对重点排放单位实施碳排放配额管理。市生态环境部门应当会同有关部门按照国家和本市规定，根据年度碳排放配额总量及分配方案，向重点排放单位分配碳排放配额。

重点排放单位应当控制温室气体排放，并按照规定完成碳排放配额的清缴；不能足额清缴的，可以通过在碳排放权交易市场购买配额等方式完成清缴。

第十六条 重点排放单位应当按照国家有关规定和技术规范，建立温室气体排放核算和监测体系。

重点排放单位应当按照规定编制温室气体排放报告，并报送市生态环境部门。重点排放单位应当对报告数据和信息的真实性、完整性和准确性负责。温室气体排放报告所涉数据的原始记录和管理台账应当至少保存五年。

市生态环境部门在接到重点排放单位温室气体排放报告后，应当组织核查，重点排放单位应当予以配合。核查结果作为重点排放单位碳排放配额的清缴依据。

市生态环境部门可以委托技术服务机构对温室气体排放报告进行技术审核。接受委托的技术服务机构应当对其提出的技术审核意见负责。

年度碳排放达到一定规模的其他单位的报告和核查，按照相关规定执行。

第十七条 本市探索将碳排放评价纳入规划和建设项目环境影响评价。

第十八条 发展改革部门、生态环境部门和其他部门应当按照各自职责加强对碳排放情况的监督检查，企业事业单位和其他生产经营者应当配合监督检查。

发展改革部门、生态环境部门和其他部门实施现场检查，可以采取现场监测、查阅或者复制相关资料等措施。

本市依托市信息资源统一共享交换平台，建立碳排放情况、监督检查情况等信息在内的碳排放监管信息系统，实现资源整合、信息共享、实时更新。

第十九条　本市实行碳达峰、碳中和目标责任制和考核评价制度。

市人民政府应当将碳达峰、碳中和目标完成情况作为对市人民政府有关部门和区人民政府及其负责人的考核评价内容，考核结果定期向社会公布。对于考核不合格的，由市人民政府进行约谈。

第二十条　本市将市人民政府有关部门和区人民政府执行碳达峰、碳中和相关法律、法规和目标责任落实情况等纳入生态环境保护督察。

第三章　绿色转型
第一节　调整能源结构

第二十一条　市和区人民政府应当采取有效措施，构建清洁低碳安全高效的能源体系，优化调整能源结构，完善能源消费强度和总量双控制度，推广清洁能源的生产和使用，逐步提高非化石能源消费比重，推进重点领域和关键环节节能。

第二十二条　市和区人民政府应当采取措施，推进煤炭清洁高效利用，严控工业企业用煤，实行煤炭消费替代和转型升级，持续削减煤炭消费总量。

第二十三条　市和区人民政府应当采取措施加强燃气基础设施规划、建设和管理，完善输送网络，加强燃气供应协调；积极合理发展天然气，优化天然气利用结构。

第二十四条　鼓励规模、先进和集约的石油加工转换方式，提升燃油油品利用效率，减少石油加工转换和油品使用过程中的碳排放。

第二十五条　支持风能、太阳能、地热能、生物质能等非化石能源发展，逐步扩大非化石能源消费，统筹推进氢能利用，推动低碳能源替代高碳能源。

第二十六条　本市持续优化用电结构，合理减少煤电机组发电，提高净外受电和绿电比例。按照国家要求，落实可再生能源电力消纳责任，支持储能示范应用，推动构建以新能源为主体的新型电力系统。

电网企业应当加强电网建设，发展和应用智能电网、储能等技术，提高吸纳可再生能源电力的能力，支持太阳能、风能等新能源发电站和余热、余压发电站与电网并网。

第二十七条　市发展改革部门应当会同有关部门，依法公布重点用能单位名单，对能源使用情况加强监督管理。

第二节　推进产业转型

第二十八条　市和区人民政府应当实行有利于实现碳达峰、碳中和目标的产业政策，采取措施优化产业结构，推动冶金、化工等传统产业的高端化智能化绿色化升级。

本市严格控制高耗能、高排放项目准入，禁止新增钢铁、水泥熟料、平板玻璃、炼化、电解铝等产能，落实国家相关产业规划要求的除外。对不符合国家产业规划、产业政策以及生态保护红线、环境质量底线、资源利用上线、生态环境准入清单、规划环评、产能置换、煤炭消费减量替代和污染物排放削减等要求的项目，不予审批；对于违规审批和建设的高耗能、高排放项目，依法予以查处。

第二十九条　本市立足全国先进制造研发基地定位，推进工业绿色升级，聚焦信息技术应用创新、集成电路、车联网、生物医药、新能源、新材料、高端装备、汽车和新能源汽车、绿色石化、航空航天等产业链，推动战略性新兴产业、高技术产业发展，加快构建绿色低碳工业体系，推广产品绿色设计，推进绿色制造，促进资源循环利用。

第三十条　本市推动构建绿色低碳交通运输体系，调整优化运输结构，发展多式联运，提升高速公路使用效率，推进货运铁路建设，鼓励海铁联运，提高铁路运输比例。

市和区人民政府采取措施优先发展公共交通，加快城市轨道交通建设，完善公共交通网络，提高公共交通出行比例。

鼓励互联网、大数据等新业态、新技术在交通运输领域中的应用，发展智能交通，提升运输效率和智能化水平。

第三十一条　本市推动城镇新建建筑全面建成绿色建筑；新建建筑具备条件的，应当采用装配式建筑。鼓励既有建筑改造执行绿色建筑标准。鼓励农村建设绿色农房。

鼓励和支持绿色建筑技术的研究、开发、示范和推广，促进绿色建筑技术进步与创新。

第三十二条　本市发展绿色低碳循环农业，合理调整种植养殖结构，鼓励开展生态种植、生态养殖，推广农业低碳生产技术，促进规模化、集约化经营。

第三十三条　市和区人民政府应当采取措施促进出行、住宿、汽修、装修装饰、餐饮等传统服务业向低能耗转型升级，促进商贸企业绿色升级，加快信息服务业绿色转型，推进会展业绿色发展，提高服务业绿色发展水平。

第三节　促进低碳生活

第三十四条　本市倡导绿色低碳生活，反对奢侈浪费，引导和鼓励绿色健康的消费模式和生活方式，开展绿色生活创建活动，营造绿色低碳生活新时尚。

第三十五条　鼓励和引导公众购买和使用节能、低碳产品，使用绿色包装和减量包装，节约用水用电，节约使用日常生活用品，减少使用一次性用品。

第三十六条　鼓励公众积极参与义务植树、野生动植物保护、生态环境保护宣传教育等绿色公益活动。

第三十七条　本市提倡绿色出行，加强绿色出行基础设施建设，鼓励和引导公众优先选择公共交通、自行车、步行等环保、低碳出行方式。

第三十八条　餐饮、娱乐、住宿等服务性企业，应当采用节能、节水、节材和有利于保护生态环境的产品，减少使用或者不使用浪费资源、污染环境的产品。

第三十九条　机关、事业单位、国有企业以及使用财政资金的其他组织应当厉行节约、杜绝浪费，使用节能低碳、有利于保护环境的产品、设备和设施，减少使用一次性办公用品，节约使用和重复利用办公用品，推行无纸化办公。

鼓励其他企业、社会组织节约使用和重复利用办公用品。

第四十条　机关、事业单位、国有企业以及使用财政资金的其他组织应当严格执行国家有关空调室内温度控制的规定，充分利用自然通风，改进空调运行管理。

鼓励其他企业、社会组织和公众合理控制室内制冷、供暖等设施的温度，减少能源消耗。

第四十一条　公用设施、公共场所的照明和大型建筑物装饰性景观照明，应当按照节能要求，优先使用节电的技术、产品和新能源，并结合季节、天气变化等因素优化控制系统，降低照明能耗。

第四十二条　单位和个人应当自觉遵守国家和本市生活垃圾管理规定，依法履行生活垃圾源头减量和分类投放义务，减少资源消耗和碳排放。

第四十三条　鼓励基层群众性自治组织、社会组织开展捐赠、义卖、置换等活动，推动闲置物品的再利用。

鼓励企业参与旧家电、旧家具和旧衣物等废旧物品的回收利用。

第四章　降碳增汇

第一节　减少碳排放

第四十四条　能源、工业、交通、建筑等重点领域，以及钢铁、建材、有色、化工、石化、电力等重点行业，应当采取措施控制和减少碳排放，符合国家和本市规定的碳排放强度要求，并且不得超过规定的碳排放总量控制指标。

第四十五条　生产过程中耗能高的产品的生产单位，应当执行国家的单位产品能耗限额标准。

禁止生产、进口、销售国家和本市明令淘汰或者不符合强制性能源效率标准的用能产品、设备；禁止使用国家和本市明令淘汰的用能设备、生产工艺。

支持用能单位采用高效节能设备，推广热电联产、余热余压回收、能量梯级利用、利用低谷电以及先进的用能监测和控制技术，实施新能源、清洁能源替代改造，提高能源资源利用效率。

第四十六条　本市采取措施推广应用节能环保型和新能源机动车船、非道路移动机械，逐步淘汰高排放机动车船和非道路移动机械。

交通运输、城市管理、邮政等部门应当推动公共交通、物流、环卫、邮政、快递等行业机动车船新能源替代工作。

第四十七条　本市加强绿色港口建设，支持天津港建设零碳码头、低碳港区示范区，推动港口经营人采用清洁化、低碳化作业方式，持续推进集疏港运输清洁化。

新建、改建、扩建码头工程应当同步设计、建设岸基供电设施，已建码头按照规定逐步实施岸基供电设施改造，油气化工码头除外。推动靠港船舶按照规定使用岸电，提升船舶岸电使用率。

第四十八条　本市将绿色低碳、节能环保要求融入城市更新、老旧小区改造、智慧城市创建等工程，推进城乡建设和管理模式低碳转型。

推进新建建筑节能、可再生能源建筑应用、既有建筑本体节能改造，严格执行公共建筑用能定额标准，推广超低能耗、近零能耗建筑，发展零碳建筑；鼓励建筑节能新技术、新工艺、新材料、新设备推广应用。

优化建筑用能结构，提升建筑用能电气化和低碳化水平，因地制宜推行清洁低碳供暖，推进农房节能改造。

第四十九条　建筑工程的建设单位和设计、施工、监理单位应当遵守建筑节能标准。

住房城乡建设部门应当加强对在建建筑工程执行建筑节能标准情况的监督检查。对不符合建筑节能标准的建筑工程，住房城乡建设部门不得批准开工建设；已经开工建设的，应当责令停止施工、限期改正；已经建成的，不得销售或者使用。

第五十条　农业生产经营者应当采取清洁生产方式，科学合理施用化肥、农药等农业投入品，推进化肥、农药减量增效。

农业农村部门应当加强对农业清洁生产的指导、推动和监督，指导农村可再生能源利用；提高畜禽粪污资源化利用水平，推进农作物秸秆综合利用。

第五十一条　本市采取有效措施减少固体废物的产生量，促进固体废物的综合利用，按照国家规定退出填埋处理方式，减少碳排放。

第五十二条　鼓励利用再生水、海水淡化水和海水，采取措施实行多水源优化配置，持续实施企业节水技术改造和农业节水增效，科学合理利用水资源，提高用水效率和效益。

第二节　增加碳汇

第五十三条　本市采取措施提升生态碳汇能力，强化国土空间规划和用途管控，严守生态保护红线，加强自然保护地的生态保护和恢复，提高自然生态空间承载力，增强生态系统稳定性，有效发挥森林、湿地、海洋、土壤等的固碳作用，提升生态系统碳汇增量。

第五十四条　本市科学开展造林绿化，推进绿色生态屏障建设，逐步提高森林覆盖率，强化森林生态系统保护与修复，增强森林碳汇能力。

任何单位和个人不得擅自迁移、砍伐树木，不得占用城市绿化用地。因特殊原因确需临时占用林地或者城市绿化用地的，按照有关法律法规规定办理相关手续并按期恢复。

第五十五条　本市加强湿地生态系统保护与修复，完善湿地保护体系，维护湿地生态系统安全，增强湿地碳汇能力。

禁止开（围）垦、填埋或者排干湿地，禁止永久性截断湿地水源。

市规划资源部门应当定期开展重要湿地保护情况的监测和评估，对湿地资源及其生物多样性定期开展调查。

第五十六条 本市加强海洋生态系统的保护，强化海洋自然保护区等区域的保护和管理，加强海洋生态环境监测、保护和生态修复，增强海洋碳汇能力。

在依法划定的海洋自然保护区、海滨风景名胜区、重要渔业水域及其他需要特别保护的区域，不得从事污染环境、破坏景观的海岸工程项目建设或者其他活动。

第五十七条 本市加强土壤生态系统的保护，强化农用地的保护和管理，采取科学合理的措施，增强土壤碳汇能力。

第五十八条 鼓励企业事业单位开展碳汇项目的开发，并通过碳排放权交易实现碳汇项目对替代或者减少碳排放的激励作用。

第五十九条 市规划资源部门应当会同有关部门组织建设森林、湿地等生态系统碳汇数据库与动态监测系统，定期开展碳汇核算。

第五章 科技创新

第六十条 本市构建碳达峰、碳中和科技支撑体系，完善科技奖励、科技人才评价机制，推动碳达峰、碳中和重大科技创新和工程示范，建立完善绿色低碳技术评估、交易体系和科技创新服务平台，激发碳达峰、碳中和科技创新活力。

第六十一条 鼓励科研机构、高等院校和企业等单位开展碳达峰、碳中和领域应用基础研究，加强节能降碳、碳排放监测和碳汇核算等应用研究，提高科学研究支撑能力。

第六十二条 支持科研机构、高等院校和企业等单位开展低碳零碳负碳、清洁及可再生能源、循环经济等技术、产品、服务的创新研发、示范、推广。

支持企业整合科研机构、高等院校资源，联合产业园区等建立市场化运行的绿色技术创新联合体、项目孵化器、创新创业基地。

市和区人民政府应当通过研究开发资助、示范推广、后补助等方式，优先安排和重点扶持碳达峰、碳中和相关科技成果转化项目，积极推进科技成果转化。

市科技部门应当将节能和低碳技术纳入本市科技创新计划。

第六十三条　鼓励开展碳捕集、利用和封存技术的研发、示范和产业化应用，鼓励火电、钢铁、石化等企业开展碳捕集、利用技术改造。

第六十四条　市发展改革部门会同有关部门发布绿色技术推广目录，引导单位和个人使用先进绿色技术、节能产品。

第六十五条　支持科研机构、高等院校和企业等单位培养碳达峰、碳中和相关专业人才，鼓励引进绿色低碳领域高端人才，推进人才培养和交流平台建设。

第六章　激励措施

第六十六条　市和区人民政府应当多方筹措资金，通过给予资金补助等方式支持碳达峰、碳中和相关工作。

第六十七条　市发展改革部门按照国家产业政策，对高耗能、高排放行业依法完善差别价格、阶梯价格政策，引导节约和合理使用水、电、气等资源和能源，减少碳排放。

第六十八条　本市建立健全生态保护补偿机制，推动形成政府主导、企业和社会各界参与、市场化运作、可持续的生态产品价值实现机制。

第六十九条　鼓励和支持发展绿色低碳金融，引导金融机构开发新金融产品，增加对低碳节能项目的信贷支持，将符合条件的低碳及新能源技术研发应用、低碳产品生产以及节能改造等项目列为重点投资领域，提供金融服务。

鼓励吸收社会资金参与节能减排投资、技术研发、技术推广、碳排放权交易等活动。

第七十条　生态环境部门应当将重点排放单位的碳排放权交易履约情况纳

入信用记录并推送至信用信息共享平台。

有关部门和单位可以对守信的重点排放单位依法实施激励措施。鼓励金融机构、其他市场主体对守信的重点排放单位给予优惠或者便利。

第七十一条　本市探索建立碳普惠机制，推动构建碳普惠服务平台，通过政策鼓励与市场激励，引导全社会绿色低碳生产、生活。

鼓励有条件的区域、企业事业单位开展近零碳排放、碳中和示范建设。

第七章　法律责任

第七十二条　各级人民政府、有关部门在碳达峰、碳中和工作中滥用职权、玩忽职守、徇私舞弊或者有其他违法行为的，由有权机关责令改正，对直接负责的主管人员和其他直接责任人员依法给予处理；构成犯罪的，依法追究刑事责任。

第七十三条　违反本条例规定，重点排放单位未清缴或者未足额清缴碳排放配额的，由市生态环境部门责令改正，处未清缴或者未足额清缴的碳排放配额清缴时限前一个月市场交易平均成交价格五倍以上十倍以下罚款；拒不改正的，由市生态环境部门依照法律、行政法规责令停产整治，并按照未清缴或者未足额清缴部分，等量核减其下一年度碳排放配额。

第七十四条　违反本条例规定，重点排放单位有下列行为之一的，由市生态环境部门责令改正，处二万元以上二十万元以下罚款；拒不改正的，由市生态环境部门依照法律、行政法规责令停产整治：

（一）未按照规定建立温室气体排放核算和监测体系的；

（二）未按照规定编制并报送温室气体排放报告的；

（三）未按照规定保存温室气体排放报告所涉数据的原始记录和管理台账的。

第七十五条　违反本条例规定，生产单位超过单位产品能耗限额标准用能的，由节能主管部门责令限期治理；情节严重，经限期治理逾期不治理或者没有达到治理要求的，可以由节能主管部门提出意见，报请本级人民政府按照国务院规定的权限依法责令停业整顿或者关闭。

生产、进口、销售不符合强制性能源效率标准的用能产品、设备的，由市场监管部门责令停止生产、进口、销售，没收违法生产、进口、销售的用能产品、设备和违法所得，并处违法所得一倍以上五倍以下罚款；情节严重的，依法吊销营业执照。

使用国家或者本市明令淘汰的用能设备或者生产工艺的，由节能主管部门责令停止使用，没收明令淘汰的用能设备；情节严重的，可以由节能主管部门提出意见，报请本级人民政府按照国务院规定的权限依法责令停业整顿或者关闭。

第七十六条　建设单位违反建筑节能标准的，由住房城乡建设部门责令改正，处二十万元以上五十万元以下罚款。

设计单位、施工单位、监理单位违反建筑节能标准的，由住房城乡建设部门责令改正，处十万元以上五十万元以下罚款；情节严重的，由颁发资质证书的部门依法降低资质等级或者吊销资质证书。

第七十七条　违反本条例规定，盗伐林木的，由林业主管部门责令限期在原地或者异地补种盗伐株数一倍以上五倍以下的树木，并处盗伐林木价值五倍以上十倍以下罚款。

滥伐林木的，由林业主管部门责令限期在原地或者异地补种滥伐株数一倍以上三倍以下的树木，可以处滥伐林木价值三倍以上五倍以下罚款。

未经批准擅自迁移、砍伐城市树木的，由城市管理部门责令限期补植；擅自迁移的，并处树木基准价值三倍以上五倍以下罚款，擅自砍伐的，并处树木基准价值五倍以上十倍以下罚款。

未经许可擅自占用城市绿化用地的，由城市管理部门责令限期恢复原状，并可以按照占用面积处每平方米一百元以上三百元以下罚款。

第七十八条　违反本条例规定，开（围）垦、填埋或者排干湿地，或者永久性截断湿地水源的，由市和相关区有关部门责令停止违法行为，限期恢复原有生态功能或者采取其他补救措施，并处五千元以上五万元以下罚款；造成严重后果的，处五万元以上五十万元以下罚款。

第七十九条　违反本条例规定，造成海洋生态系统及海洋水产资源、海洋保护区破坏的，由行使海洋环境监督管理权的部门责令限期改正和采取补救措施，并处一万元以上十万元以下罚款；有违法所得的，没收其违法所得。

第八十条　有关部门应当按照规定，将违反本条例的违法行为信息纳入信用信息共享平台，依法实施失信惩戒。

第八十一条　违反本条例规定的行为，法律或者行政法规已有处理规定的，从其规定；构成犯罪的，依法追究刑事责任。

第八章　附则

第八十二条　本条例自2021年11月1日起施行。

3.《深圳经济特区碳排放管理若干规定》（2019年修正）

第一条　为了加快经济发展方式转变，优化环境资源配置，合理控制能源消费总量，推动碳排放强度的持续下降，根据法律、行政法规的基本原则和国务院《"十二五"控制温室气体排放工作方案》等有关规定，结合深圳经济特区（以下简称特区）实际，制定本规定。

第二条　坚持发展低碳经济，完善体制机制，发挥市场作用，实现二氧化碳等温室气体排放（以下简称碳排放）总量控制目标，促进经济社会可持续发展。

第三条　实行碳排放管控制度。对特区内的重点碳排放企业及其他重点碳排放单位（以下统称碳排放管控单位）的碳排放量实施管控，碳排放管控单位应当履行碳排放控制责任。碳排放管控单位的范围由市人民政府依据特区碳排放的总量控制目标和碳排放单位的碳排放量等情况另行规定。

鼓励未纳入碳排放管控范围的碳排放单位自愿加入碳排放管控体系。

第四条　建立碳排放配额管理制度。市碳排放权交易主管部门在碳排放总量控制的前提下，根据公开、公平、科学、合理的原则，结合产业政策、行业特点、碳排放管控单位的碳排放量等因素，确定碳排放管控单位的碳排放额度。碳排放管控单位应当在其碳排放额度范围内进行碳排放。

第五条　建立碳排放抵消制度。碳排放管控单位可以利用经市碳排放权交易主管部门核查认可的碳减排量（以下统称核证减排量）抵消其一定比例的碳排放量。

核证减排量的来源、范围、类别以及抵消比例等，由市人民政府另行规定。

第六条　建立碳排放权交易制度。碳排放权交易包括碳排放配额交易和核证减排量交易。碳排放管控单位在市人民政府规定的碳排放权交易平台进行碳排放权交易。

鼓励、支持其他单位和个人参与深圳碳排放权交易。

第七条　碳排放管控单位应当向市碳排放权交易主管部门提交经第三方核查机构核查的年度碳排放报告。

市人民政府应当建立和健全对第三方核查机构的监督管理机制。第三方核查机构的核查活动应当客观、公正。

第八条　碳排放管控单位违反本规定，超出排放额度进行碳排放的，由市碳排放权交易主管部门按照违规碳排放量市场均价三倍的标准处以罚款。

碳排放管控单位严格执行本规定，并在碳排放控制方面成效显著的，市人民政府应当予以表彰或者奖励。

第九条　市人民政府应当加强对碳排放管控工作的领导，并给予政策、资金、技术等方面的支持和保障。

市人民政府应当根据本规定和国家有关规定，并参照国际惯例，自本规定施行之日起六个月内，另行制定碳排放管理的具体办法。

第十条　本规定自通过之日起施行。